中国地质科学院年报

2009

中国地质科学院　编

地质出版社

·北　京·

内 容 提 要

本书客观地介绍了中国地质科学院2009年度的主要工作进展、年度重要成果、重要科技成就及进展、国际合作与交流等情况，展示了中国地质科学院在地质研究中所取得的成就。

本书可供从事地质及相关学科研究、管理的工作人员参阅。

图书在版编目（CIP）数据

中国地质科学院年报．2009 / 中国地质科学院编．
— 北京：地质出版社，2010. 12
ISBN 978-7-116-07049-3

Ⅰ. ①中… Ⅱ. ①中… Ⅲ. ①地质学－研究－中国－2009－年报 Ⅳ. ① P5-54

中国版本图书馆 CIP 数据核字（2010）第 259516 号

ZHONGGUO DIZHI KEXUEYUAN NIANBAO 2009

责任编辑：祁向雷　李丛蔚
责任校对：李　玫
出版发行：地质出版社
社址邮编：北京海淀区学院路 31 号, 100083
电　　话：(010) 82324508 (邮购部)；(010) 82324577 (编辑室)
网　　址：http://www.gph.com.cn
电子邮箱：zbs@gph.com.cn
传　　真：(010) 82310759
装帧设计：北京博雅思企划有限公司
印　　刷：北京天成印务有限责任公司
开　　本：889mm × 1194mm　1/16
印　　张：9
字　　数：219 千字
版　　次：2010年12月第 1 版
印　　次：2010年12月第 1 次印刷
定　　价：68.00元
书　　号：ISBN 978-7-116-07049-3

（如对本书有建议或意见，敬请致电本社；如本书有印装问题，本社负责调换）

《中国地质科学院年报》
编 委 会

主　任: 李廷栋

副主任: 朱立新　董树文　王　洁

成　员: 张宗祜　谢学锦　袁道先　许志琴　陈毓川　裴荣富　康玉柱
李家熙　侯增谦　王瑞江　龙长兴　石建省　韩子夜　姜玉池
尹　明

主　编: 董树文

编　辑:（按姓氏笔画排序）
王军芝　王　涛　王　巍　王秀华　史长义　吕庆田　李　丽
张民福　张　华　张兆吉　张泽敏　张振海　陈伟海　杨安国
吴珍汉　罗立强　孟宪刚　赵　余　赵志中　郝梓国　韩　梅
魏乐军

序言

2009年8月17日，中共中央政治局常委、国务院副总理李克强考察中国地质科学院并与院士座谈，提出立足国内、提高资源保障能力，极大地鼓舞了全院地质科技工作者的士气。我院迅速行动，形成了贯彻落实意见和措施，以期不辱使命，为实现地质工作新跨越作出贡献。

2009年，中国地质科学院以科学发展观为统领，瞄准国家目标，以深入贯彻落实李克强副总理的重要讲话精神和开展地质找矿改革发展大讨论为契机，组织实施一批国家重大科技专项，解决资源、环境领域的重大科学问题，为提高能源与矿产资源的保障能力作出了新贡献；积极承担地质调查及相关科研任务，发挥科技引领和支撑作用，创新发展了地球科学理论和先进技术方法，取得一批优秀科研和找矿成果，向建设世界一流地学研究机构的目标迈出了新的步伐。

2009年，按照国土资源部、中国地质调查局党组开展地质找矿改革发展大讨论的总体部署，结合实际，把握国家对公益性科研机构改革和国家创新体系建设的总体要求，围绕科技工作支撑发展、引领未来、服务经济、回馈社会等一系列问题，组织广大干部职工深入开展了多层面、多领域的大讨论，全面完成了各阶段任务，形成一批重要的建议和意见，形成了指导工作的思路，取得了一定成效。

2009年全院共承担各类项目909项，总经费达5.43亿元，比2008年增长28.37%。组织实施"深部探测技术与实验研究"、"汶川地震断裂带科学钻探"等重大专项并取得重要进展；组织实施国家"973"项目"华北平原地下水演变与调控"；首次获得"创新研究群体科学基金"项目资助1项。先后主持两次香山科学会议，聚焦地学问题，启迪创新思维。积极开展国际科技合作与学术交流，持续推进国际岩溶研究中心建设，国际地球化学填图中心申报取得重要进展，多项国际合作项目取得重要成果，国际合作层次和水平不断提升。2009年，46个地调项目通过验收，45个国家级科研项目报告通过验收，完成其他科研成果报告61份。十余项成果荣获国土资源科学技术奖和省部级奖，发表论文总数较2008年增长了12%，论文质量显著提高。获国家发明专利2项，实用新型专利4项，软件著作权登记专利2项。4项科研成果入选2009年度中国地质学会"十大地质科

院党委书记张陟（右二）、常务副院长朱立新（左二）、副院长董树文（右一）、纪委书记王洁（左一）

技进展”，1项成果入选2009年度中国地质学会“十大地质找矿成果”。1人获得李四光地质科学奖地质科技研究者奖，3人入选2009年“新世纪百千万人才工程”国家级人选，2个集体获得首届“全国野外科技工作先进集体”称号，2人获“全国野外科技工作突出贡献者”称号，多人获得“全国野外科技工作先进个人”称号。在新一轮全国油气资源评价工作中，1个集体获先进集体称号，1人获得先进个人称号，2人获得优秀专家称号。

谨以此年报客观记录中国地质科学院2009年重要科技活动、创新思维与突出科研成果，面向国内外展示人才培养与学科建设成就、科技管理经验、科技工作进展及社会经济效益，作为向国家汇报和反馈公众的答卷及记录中国地质科学院发展历程的档案。

党委书记

常务副院长

副 院 长

纪委书记

李克强副总理考察中国地质科学院并与院士座谈

中共中央政治局常委、国务院副总理李克强于2009年8月17日来到中国地质科学院考察工作，仔细考察了北京离子探针实验室和大陆动力学实验室，看望科技人员，并与院士座谈。李克强副总理带来了温家宝总理对中国地质科学院全体职工的问候，以及对中国地质科学院作出的重要贡献给予的高度评价。李克强说，新中国成立60年来，我国地质事业从小到大，从弱到强，在地质成矿理论和勘查方法技术等方面取得了累累硕果，为建立我国独立、完整的工业体系和国民经济体系作出了历史性贡献，在推进改革开放和现代化建设中发挥着重要作用，广大地质工作者功不可没。从上个世纪五六十年代大庆油田、攀枝花钒钛磁铁矿等一批重要矿产地的发现，到新世纪初一批大气田、大铜矿等的突破，无一不凝聚着地质工作者的心血和汗水。李克强指出，地质工作要围绕中心，服务大局，立足国内开发利用资源，提高地质找矿能力，缓解资源瓶颈制约，为现代化建设提供有力保障。

2009年8月17日 李克强副总理（左三）考察中国地质科学院并与院士亲切座谈

李克强副总理看望研究生

在与院士座谈时，李克强认真听取意见和建议，并与大家一起探讨加强地质勘查工作的具体措施。他指出，随着我国现代化建设事业的持续推进，对资源的需求不断扩大，能源资源相对短缺已成为经济社会发展的严重制约。应当看到，经过长期积累，我国地质勘查工作基础很好，实力雄厚，有条件也有能力为国家排忧解难，在重要资源找矿上再创佳绩。

李克强强调，解决我们这样一个13亿人口发展中大国的能源资源问题，需要充分利用两个市场、两种资源，但必须坚持立足国内，增强国内能源资源的保障能力。这就需要进一步加强地质勘查，努力实现找矿重大突破。我国地域辽阔，地质成矿条件较好，但由于地质工作程度较低，资源开发利用的潜力还没有充分挖掘出来。只要下定决心，加大投入，科学部署，突出重点，深入持久地加以推进，就有可能取得重大进展。同时，地质工作在提高资源储采比和回采率、搞好资源综合利用、推进节能环保等方面，也都很有潜力，要进一步加大工作力度。

李克强最后说，地质是一项科技密集程度很高的事业，我国地质勘查方兴未艾，大有可为。地质科技人员是国家的宝贵财富。各级政府要为地质工作者提供更加便利的生产、生活和科研条件，为地质事业发展创造更加有利的环境，各方面共同努力开拓我国地质勘查和资源开发利用的新局面。

沈其韩、肖序常、李廷栋、陈毓川、许志琴、赵文津、郑绵平、杨文采等院士参加了座谈。

2009年8月 19 星期三

温家宝出席新型农村社会养老保险试点工作会议指出

新农保将使农民"养老不犯愁"

中央又一项重大惠农政策

全力谋求新跨越

江西省"保增长、保民生、保稳定"纪实

贾庆林在四川调研时强调

加快推进灾后恢复重建工作 努力建设幸福美好的新家园

贾庆林会见克罗地亚议长

习近平在中央学习实践活动领导小组第十次会议上强调

从基层实际出发精心谋划第三批学习实践活动

李克强会见世界银行首席经济学家林毅夫

贺国强在青海考察时强调

以改革创新精神推进反腐倡廉建设 促进青海经济发展与社会和谐稳定

周永康在第二次司法体制和工作机制改革汇报会上强调

扎实推进司法体制和工作机制改革 努力在完善社会主义司法制度上取得新进展

李克强考察中国地质科学院并与院士座谈时强调

加大地质勘查工作力度 立足国内开发利用资源

新华社北京8月18日电 （记者车玉明）8月17日，中共中央政治局常委、国务院副总理李克强来到中国地质科学院考察工作，看望科技人员，并同院士专家亲切座谈。他强调，地质工作要围绕中心，服务大局，立足国内开发利用资源，提高地质找矿能力，缓解资源瓶颈制约，为现代化建设提供有力保障。

在中国地质科学院，李克强仔细考察了北京离子探针实验室和大陆动力学实验室，饶有兴趣地观看了地质工作一些成果展示。从上个世纪五六十年代大庆油田、攀枝花钒钛磁铁矿等一批重要矿产地的发现，到新世纪初一批大气田、大铜矿等的突破，在一幅幅图表、一件件实物中得到了充分体现。李克强对此给予高度评价。他说，新中国成立60年来，我国地质事业从小到大，从弱到强，在地质成矿理论和勘查方法技术等方面取得累累硕果，为建立我国独立完整的工业体系和国民经济体系作出了历史性贡献，在推进改革开放和现代化建设中发挥着重要作用。广大地质工作者跋山涉水，埋头苦干，无私奉献，勇于投身地质工作实践，不断攀登地质科技高峰，功不可没。

在与李廷栋、陈毓川、许志琴、赵文津等院士们座谈时，李克强认真听取他们的意见和建议，并不时询问，与大家深入探讨加强地质勘查工作的具体措施。他指出，随着我国现代化建设事业的持续推进，对资源的需求不断扩大，能源资源相对短缺已成为经济社会发展的严重制约。同时应当看到，经过长期积累，我国地质勘查工作基础很好，实力雄厚，有条件也有能力为国家排忧解难，在重要资源找矿上再创佳绩。（下转第四版）

人民日报报道李克强副总理考察中国地质科学院

目录 Contents

中国地质科学院
CAGS
Chinese Academy of Geological Sciences

1 人员结构与经济状况

中国地质科学院目前由院部、地质研究所、矿产资源研究所、地质力学研究所、水文地质环境地质研究所、地球物理地球化学勘查研究所、岩溶地质研究所、国家地质实验测试中心等8个事业单位组成，拥有8个部级重点实验室和6个院级重点开放实验室；设有研究生部、博士后流动站，拥有2个博士学位授权一级学科点、8个博士学位授予专业和11个硕士学位授予专业。联合国教科文组织国际岩溶研究中心（IRCK）、中国国际地球科学计划（IGCP）全国委员会秘书处、世界数据中心中国地质学科数据中心（WDCG）、国际地质科学联合会（IUGS）地质遗产北京办公室等国际地学组织及相关机构，中国地质学会秘书处、李四光地质科学奖基金会、全国地层委员会挂靠在中国地质科学院。

人员机构

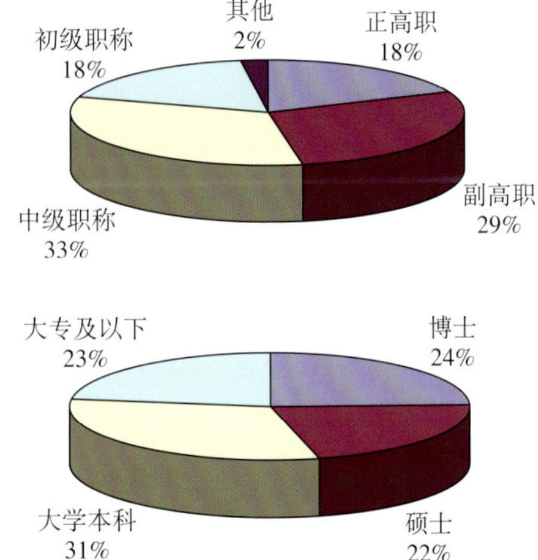

中国地质科学院专业技术人员统计分布图

中国地质科学院2009年人员编制数为2753人。2009年末实有人数3194人，包括在职职工1610人、离退休人员1584人。全院在职职工具有本科以上学历的971人，占在职人员总数的60.3%；具有硕士以上学位的508人，占在职人员总数的31.6%。在职职工中有专业技术人员1180人，其中具有高级职称的557人，占专业技术人员的47.2%。专业技术人员中包括：两院院士14人，研究员及教授级高工218人，副研究员及高级工程师339人，中级职称人员385人，初级职称人员211人。专业技术人员中，有博士288人，硕士256人，本科368人，大专及以下268人，形成了以博士和硕士为主体、创新能力强、高层次人才密集的地质科技队伍。全院非营利性科研机构编制1000人。在职职工中，有42人享受了政府特殊津贴，10人获得过国家级有突出贡献的中青年专家称号；有国家“百千万人才工程”的国家级层次人选14人，5人获得过“国家杰出青年科学基金”资助；有40人进入“国土资源部百名科技创新人才”，32人在国际学术组织中任职。

杨经绥研究员——
2009年度李四光地质科学奖获得者
野外考察极地乌拉尔蛇绿岩和铬铁矿

吕庆田研究员——
入选2009年“新世纪百千万人才工程”国家级人选
在江西九瑞矿集区进行野外考察

尤海鲁研究员——
入选2009年“新世纪百千万人才工程”国家级人选
在甘肃昌马盆地野外考察

张建新研究员——
入选2009年“新世纪百千万人才工程”国家级人选
在柴北缘超高压变质带野外考察露头

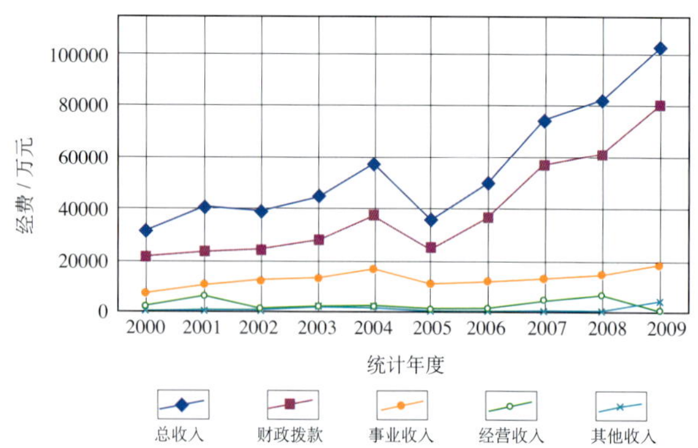

中国地质科学院年度经费对比图

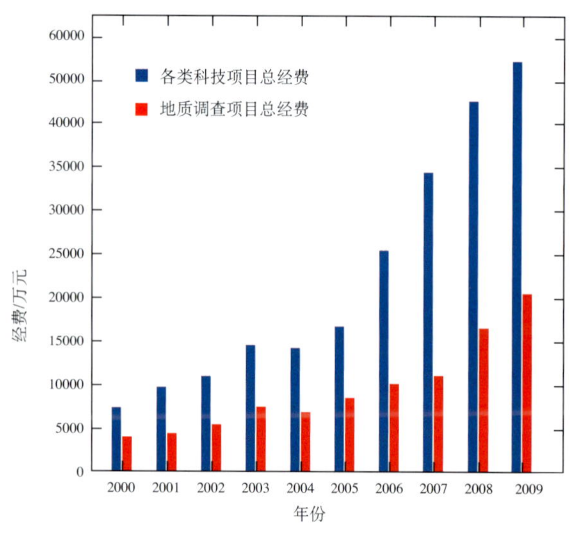

中国地质科学院年度科技项目年度经费统计分布图

经济状况

2009 年全院经济运行情况良好，2009 年实现总收入 10.21 亿元，比 2008 年的 8.26 亿元增长了 23.61%，事业费增加至 1.84 亿元，比 2008 年的 1.45 亿元增长了 26.9%。2009 年总收入是 2000 年的 3.27 倍，事业费是 2000 年的 2.33 倍。2006 ~ 2009 年的修缮购置专项资金为 2.307 亿元，其中 2006 年度为 8900 万元，2007 年度为 2215 万元，2008 年度为 5375 万元，2009 年度为 6584 万元，主要用于仪器设备购置与升级改造、基础设施改造及房屋修缮。通过修缮购置专项资金，大幅度改善了科研环境条件，购置了大批具有国际先进水平的大型成套仪器设备，显著提升了全院科技综合实力。

科技项目经费也逐年增长，2009 年全院共承担科研项目 909 项，总经费达 5.43 亿元，比 2008 年的 4.23 亿元增长了 28.37%。2009 年科研经费包括：国家科技项目经费 2.7 亿元，占总量的 49.9%；地质调查项目经费 2.14 亿元，占总量的 39.4%；横向项目经费 5817 万元，占年度经费总量 10.7%。

中国地质科学院地质研究所

中国地质科学院地质研究所是国家科技创新体系的重要组成部分，是国家基础地质研究和地质调查的重要力量，主要从事基础性、公益性、战略性和前沿性的基础地质调查及基础地质研究工作，同时承担地质学、地球物理学和地球化学等专业研究人才的教育和培养。通过50多年的建设和发展，地质研究所已经成为一个学科较齐全、人员结构较合理、设备较完善的综合性地学基础研究机构，20世纪90年代曾被国际地学刊物《地质时代》评为世界地学百强机构，是中国最有影响的两个地学机构之一。

所长兼党委书记侯增谦（右二）、副所长耿元生（左二）、副所长高锦曦（左一）、常委副书记兼纪检书记沈琳（右一）

松多榴辉岩带的新达朗榴辉岩露头

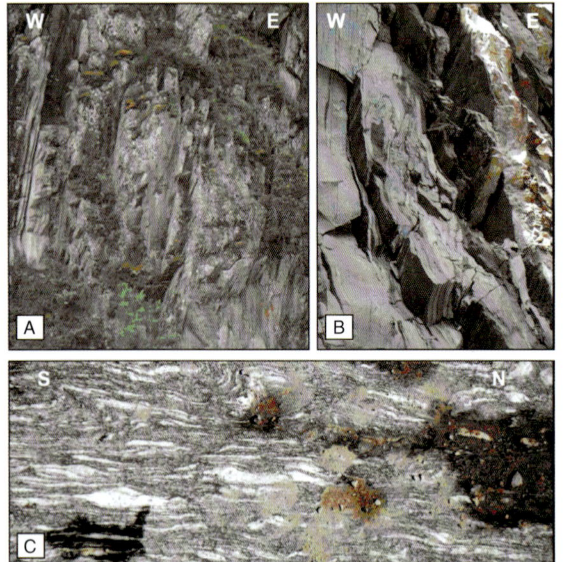

雅鲁藏布江大拐弯缝合带西侧“鲁郎－拉月韧性走滑剪切带”的野外照片

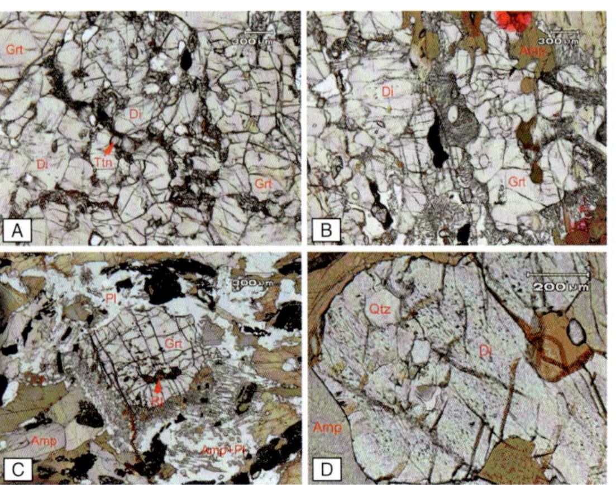

南迦巴瓦石榴辉石岩及其退变质岩的显微照片

2009年地质研究所承担项目100余项，其中国家科技支撑课题11项、国家863课题1项、国家973课题2项、国家自然科学基金项目39项、地质大调查项目43项、深部探测技术与实验研究专项项目2项、公益性行业科研专项项目2项、国土资源部百人计划项目2项、非财政项目13项、基本业务费项目和院实验室项目若干项。获国土资源科学技术奖一等奖1项、二等奖1项。以第一作者发表论文210篇，其中SCI收录120篇(国际SCI论文40篇)，国内核心期刊100篇，出版专著2部。

2009年度重要科研成果

青藏高原周缘造山带的崛起及资源效应：中国地质调查局、国家自然科学基金资助项目，负责人为许志琴院士等。项目在拉萨地体中部发现了松多榴辉岩高压－超高压变质带，把拉萨地体解体为北拉萨地体和南拉萨地体，为古特提斯洋盆演化和多地体存在提供了新证据。厘定了南迦巴瓦的构造格架、地质年代序列和重要的构造岩浆事件；提出南迦巴瓦岩群经历了多期造山与再活化过程；获得了拉萨地体前寒武纪构造热事件的年代学证据；证明拉萨地体存在同俯冲/碰撞型埃达克岩；发现了高喜马拉雅造山带的EW向拆离构造，拆离构造始于27Ma，与南迦巴瓦变质地体向北挤出时限相当，提出新的隧道流和物质侧向运动的模式；确定了北喜马拉雅穹隆带中的两期富钠过铝质花岗岩浆事件，提出高级变质岩的部分熔融，可能是形成埃达克质岩浆及相关斑岩型铜金矿床的重要机制。通过阿尔金断裂－康西瓦断裂及喀喇昆仑断裂的几何学、运动学、年代学、走滑速率及地震位移的研究，阐明青藏高原西缘大型走滑断裂的动力学与物质运动方式，探索了地震强震复发周期。厘定了龙门山－锦屏山西缘的前震旦纪基底和盖层之间的一条大型拆离断裂；提出龙门山－锦屏山在白垩纪开始强烈隆升的挤出机制，认为高原北缘和东缘的强烈隆升发生在印度和亚洲碰撞之前的白垩纪，可能与班公湖－怒江特提斯洋盆的关闭有关。提出四川前陆盆地是晚三叠世—

侏罗纪松潘－甘孜前陆盆地和白垩纪—第四纪龙门山－锦屏山再生前陆盆地叠合的中新生代前陆盆地。锑金多金属矿床的成矿作用与特提斯喜马拉雅前陆断褶带沿逆冲推覆构造事件诱发地壳部分熔融，导致岩浆侵位及成矿。开展了高原西北缘西昆仑和塔里木盆地盆山耦合研究，提出塔里木南缘的前陆盆地的北界为麻扎塔格逆冲断裂；重新厘定天山构造系和青藏高原构造系的界限以及动力学机制。

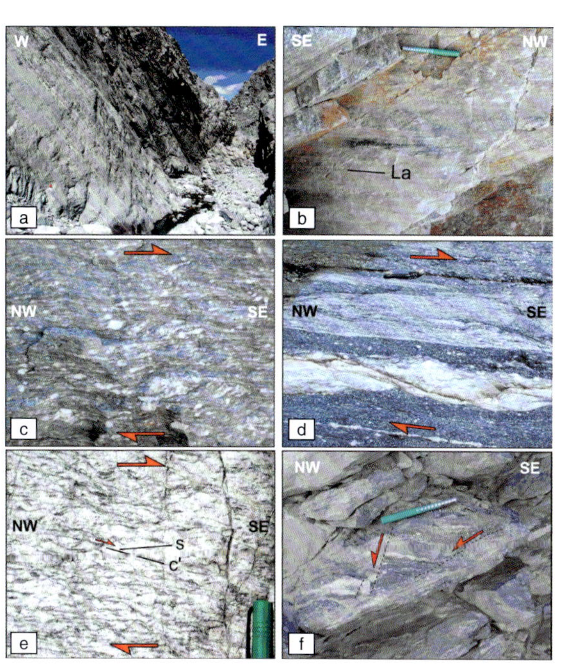

阿伊拉日居山地区喀喇昆仑韧性剪切带中的变形特征

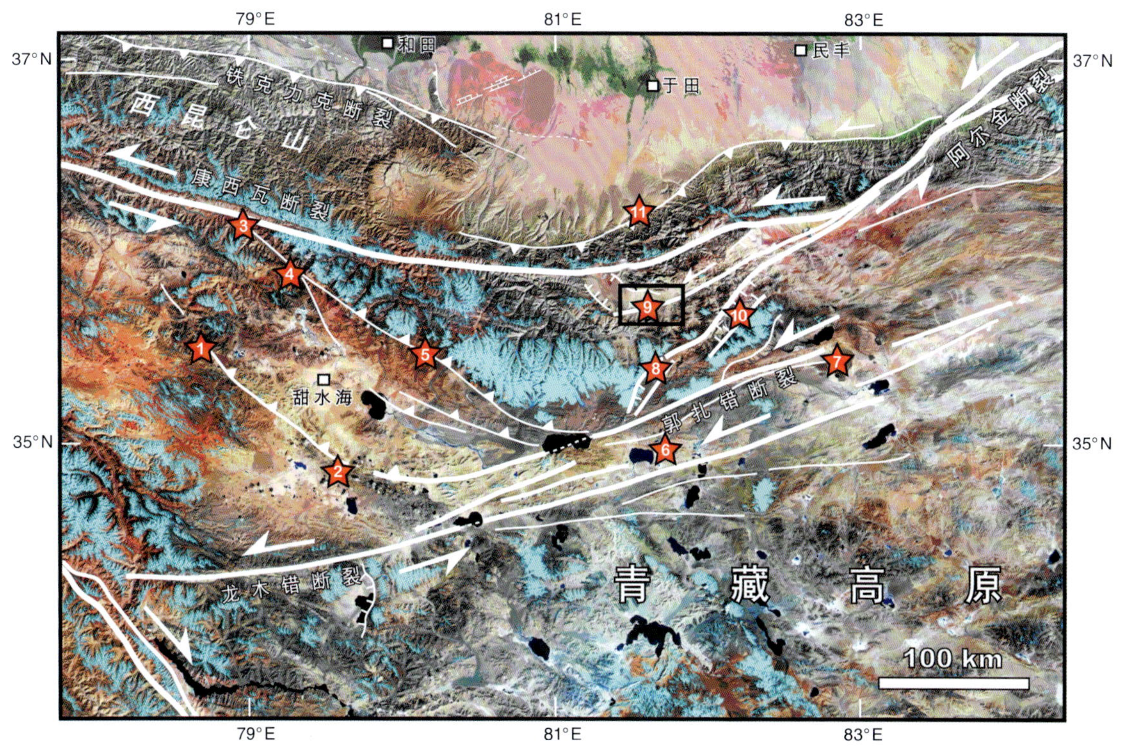

阿尔金断裂带西段地区 Landsat 卫星影像、活动构造及火山岩的分布特征

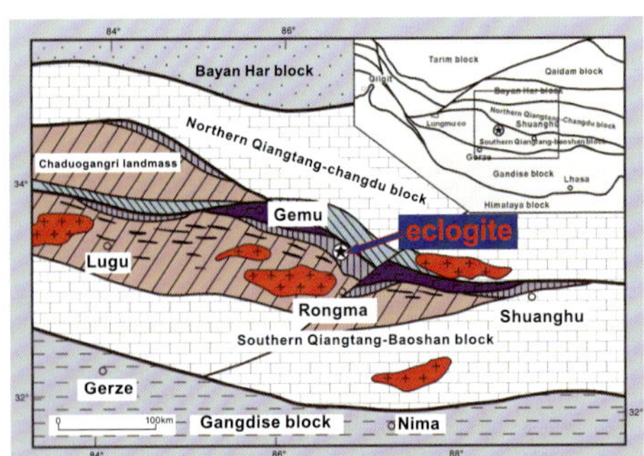

藏北羌塘榴辉岩位置图

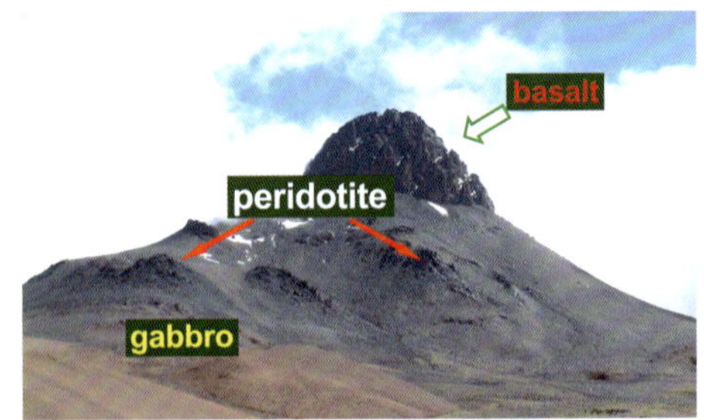

羌塘中部角木日二叠纪蛇绿岩野外露头

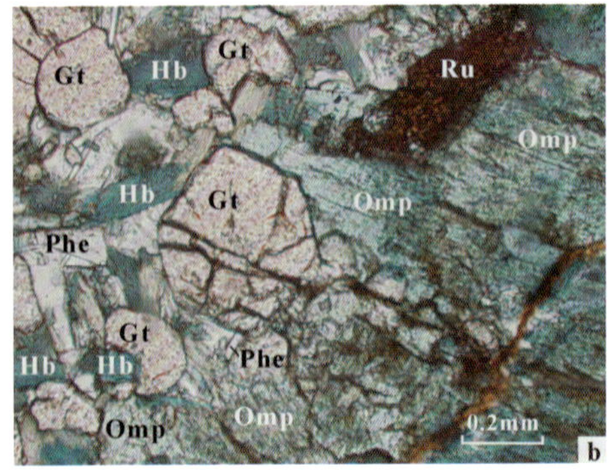

榴辉岩显微照片

贺兰山群野外露头

青藏高原演化与资源环境效应：中国地质调查局基础地质调查与研究工作项目，负责人为肖序常院士。项目对羌塘中部高压变质带中已发现的榴辉岩、蓝片岩等进行了详细的研究，建立了相应的*PTt*轨迹；在绒玛地区发现了典型的蓝闪石；在冈玛错地区发现了新的榴辉岩出露点，对认识青藏高原早期形成演化、板块闭合及碰撞造山过程的研究具有重要意义。发现并确定了羌塘中部早古生代蛇绿混杂岩，对探讨特提斯洋的构造演化具有重要意义。推断羌南-保山板块基底与羌北-昌都板块和松潘-甘孜板块基底性质不同，而与印度板块和喜马拉雅造山带之间有很好的亲缘性。通过对晚古生界—三叠系剖面的实测，证实了北羌塘盆地南缘存在中下二叠统含特提斯暖水动物群的碳酸盐岩相地层；在上三叠统望湖岭组中发现浅海相生物化石；提出上二叠统吉普日阿组更可能为早中三叠世地层。对第四纪以来该区气候环境变迁作了探讨，发现了新石器时代遗存物。提出青藏高原油气成藏地质背景与西特提斯有一定对比性，指出了高原具有寻找油气藏的前景，提出"幔源(流)合成催化生油论"。

中国西北地区若干重要演化阶段地层格架建立与对比研究：中国地质调查局、国家自然科学基金资助项目，负责人耿元生、姚建新、朱祥坤研究员等。项目分为3个专题开展工作，分别取得重要进展。

中国西北部前寒武纪地层对比研究：查明和确定了赵池口群、贺兰山群和千里山群的分布、组成特征和形成环境、时代，改变了

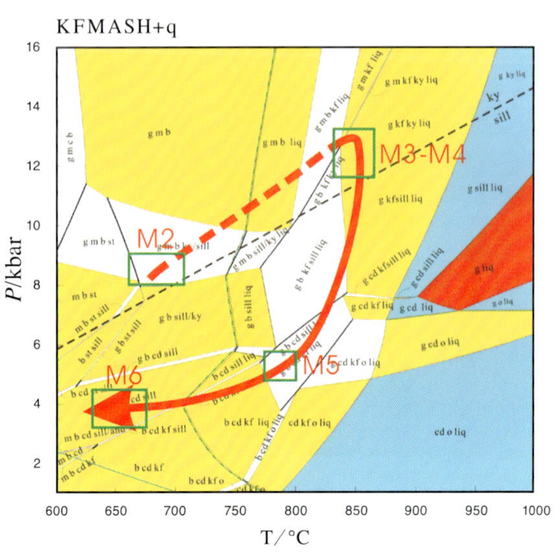

贺兰山群变质*PT*轨迹

以往将贺兰山群和千里山群划归太古宙的认识；查明了贺兰山地区早前寒武纪岩浆事件的期次、特征；揭示出华北克拉通的西北缘古元古代晚期的岩浆启动和结束事件均早于北缘。在阿拉善岩群中识别出一些具有重要意义的变质变形的新元古代、晚古生代和中生代的岩浆岩。贺兰山群变质过程的PT演化轨迹的建立表明该区变质晚期是较慢的抬升减薄过程。通过对比研究，提出了阿拉善地块在不同阶段的大地构造属性。

塔里木重要区段古生代和中生代地层格架的建立及对比研究：在一些重要的地层中采集到孢粉、疑源类和几丁石等微体化石，为这些地层时代的确定与对比提供了新的证据。据发现的钙质超微化石、沟鞭藻化石进一步厘定了该区中—新生代地层层序，证实了库车坳陷及塔东北地区晚白垩世存在海相和陆相沉积，塔西南是近岸滨海-浅海沉积环境。确定麻扎地区火成岩具有岛弧性质，且形成于早石炭世。建立了柯坪地区早古生代三级层序，归并出二级层序，提出中—上奥陶统自东向西发生超覆。

新元古代—早古生代重大转折期的同位素记录和生物与环境的协调发展：通过对陡山沱组盖帽碳酸盐岩Sr同位素研究，揭示了新元古代“雪球地球”事件之后强烈的化学风化作用和巨量的陆源物质输入。过渡族元素（铁、铜、锌）同位素分析表明，相对于碳酸盐岩，黑色页岩Fe重同位素富集、Zn重同位素亏损、Cu同位素组成无明显差异。Fe、Cu和Zn同位素在不同沉积相存在着差异，表明海水存在化学分层。陡山沱期早期，从台地相、斜坡相到深海盆地相，海水由表层氧化逐渐向深海的还原状态转化。

柯坪同古四布隆寒武系灰岩野外露头

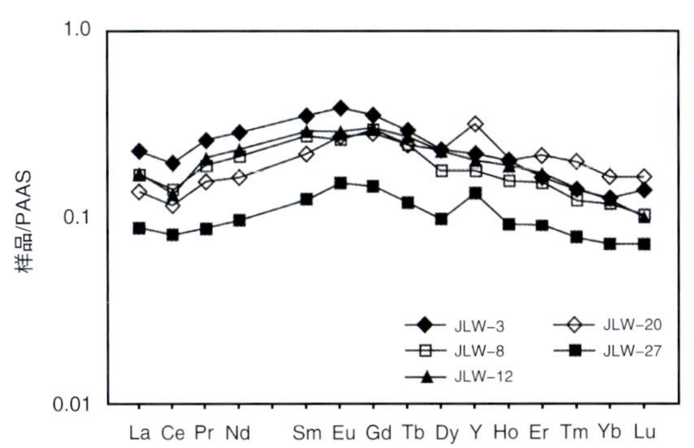

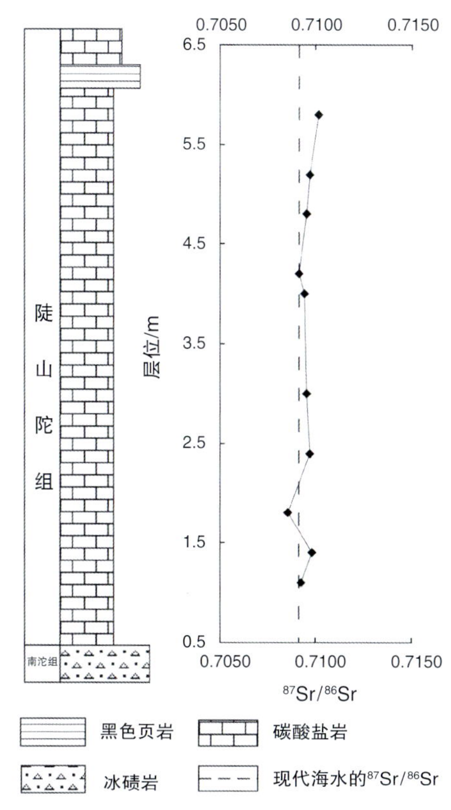

峡东地区九龙湾剖面盖帽碳酸盐岩的稀土元素和锶同位素特征

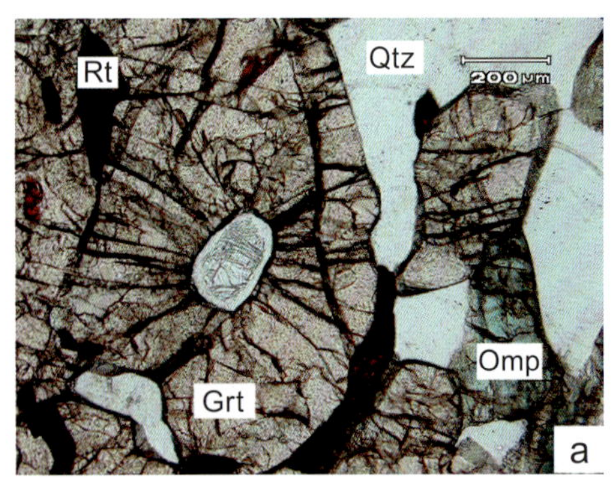

都兰单元南带榴辉岩中首次发现石榴子石的柯石英包体

柴北缘超高压榴辉岩野外露头

祁连–阿尔金造山带构造演化及其对成矿作用的制约: 中国地质调查局、国家自然科学基金资助项目，负责人张建新、李海兵研究员。项目划分并确定了祁连–阿尔金造山带的构造单元和构造属性，明确了被阿尔金断裂所切割的阿尔金山和祁连山古构造单元具可对比性；首次在柴北缘榴辉岩中发现柯石英，在都兰识别出新的高压麻粒岩单元；建立了南阿尔金–柴北缘高压 / 超高压变质带的年代学格架；明确了北祁连–北阿尔金早古生代具有冷洋壳俯冲性质，而且早古生代洋壳俯冲存在穿时性；确定了北阿尔金红柳沟蛇绿岩的完整组合，获得北祁连 SSZ 蛇绿岩时限。南北两条俯冲（碰撞）杂岩带控制了这一地区基本的古构造格架和矿产资源的时空分布。

阿尔金断裂带被识别出新生代有多期强烈活动，至少存在 3 次快速隆升过程；最大走滑位移量由韧性和脆性走滑位移量组成；祁连山西段新生代火山岩和东段白垩纪火山岩特征为阿尔金断裂活动时限及演化提供了新的佐证；区域山脉的形成可能与阿尔金断裂走滑作用伴随的逆冲断裂活动有关。祁连山在白垩纪开始抬升，形成了青藏高原雏形的北部边界，新近纪的快速抬升造就了现今的高原北部面貌。白垩纪昌马盆地具有较大的旋转量，而柴达木地块并没有发生整体顺时针旋转。柴达木盆地和酒西盆地的主要油气构造是伴随阿尔金断裂走滑过程的产物，对冲构造发育区是上述盆地中的有利储油构造。

青藏高原南部地幔岩及铬铁矿成因: 中国地质调查局、国家自然科学基金资助项目，负责人为杨经绥研究员。项目在罗布莎铬铁矿中发现呈斯石英假象的柯石英，推测是由更高压相的斯石英减压相变形成，提供了铬铁矿可能来自 >300km 的地幔深部的重要证据；在铬铁矿的锇铱矿中发现原位金刚石，表明金刚石形成在高温高压（$T>2000℃$，$P>5GPa$）环境；在罗布莎、康金拉和香卡山矿区的铬铁矿及其围岩中发现了金刚石，为探讨铬铁矿、蛇绿岩的成因提供了新的重要证据。

在俄罗斯极地乌拉尔铬铁矿中首次发现金刚石等异常地幔矿物，并在金刚石中发现纳米级柯石英包裹体，证明金刚石为原位产出，提供了铬铁矿成因的关键证据；罗布莎铬铁矿中发现的新矿物罗布莎矿、曲松矿、藏布矿和雅鲁矿获国际新矿物委员会的批准；高温高压实验证明，铬铁矿中发现的硅金红石形成于超高压环境；发现碳硅石的原位 $\delta^{13}C$ 亏损，经对比认为其可能来自下地幔；提出地幔橄榄岩经历了洋底扩张，在板块汇聚边缘经历了高 Mg 熔体的交代。橄榄岩中的锆石年龄（130Ma）代表了岩体的侵位阶段，提出康金拉铬铁矿成矿物质来自深部而不是容矿围岩。认为地幔橄榄岩中发现的壳源锆石、石英、红柱石、蓝晶石等可能存在早期俯冲地壳物质的再循环，支持了“地幔不均匀”理论，罗布莎地幔橄榄岩和铬铁矿体均可能形成于地幔柱背景。

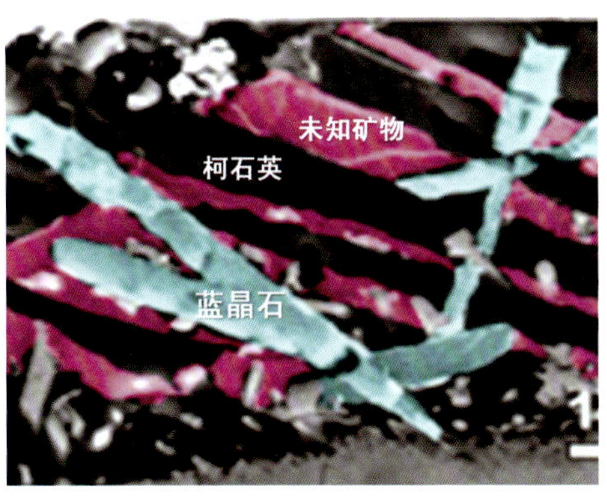

呈斯石英假象的柯石英及其共生矿物

南秦岭主要构造岩带及其形成环境研究：中国地质调查局、国家自然科学基金资助项目，负责人王宗起研究员等。项目重新梳理了白水江群、碧口群、横丹群、西乡群、三花石群、耀岭河群、郧西群、洞河群的岩石组成特征，结合构造变形样式及古生物化石，认为南秦岭白水江群等志留系、北大巴山地区洞河群和部分志留系分别具有增生杂岩和弧后混杂岩的典型特征，碧口群、西乡群与耀岭河群 / 郧西群则为晚古生代岛弧杂岩，北大巴山地区则为古生代弧后杂岩及弧后陆缘组合序列。泥盆纪孢子、几丁虫、虫颚等微体化石的发现证明碧口群和广义的西乡群主体时代为晚古生代，对前人有关北大巴山腹地没有晚古生代地层的认识做出了重要更正。早石炭世微体化石的发现和玄武岩、凝灰岩锆石年龄表明安康一带耀岭河群主要形成于晚古生代。原划为奥陶纪大堡组的生物灰岩块中发现了中泥盆世化石，白水江群碎屑锆石年龄及花岗侵入岩年龄表明南秦岭增生杂岩带形成的最终时间为二叠纪末或三叠纪初。

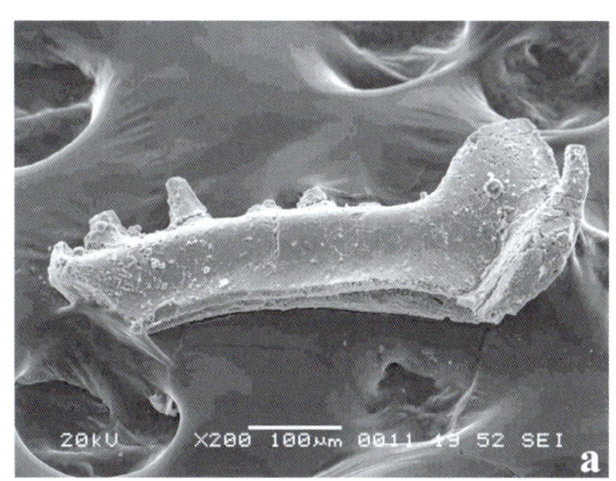

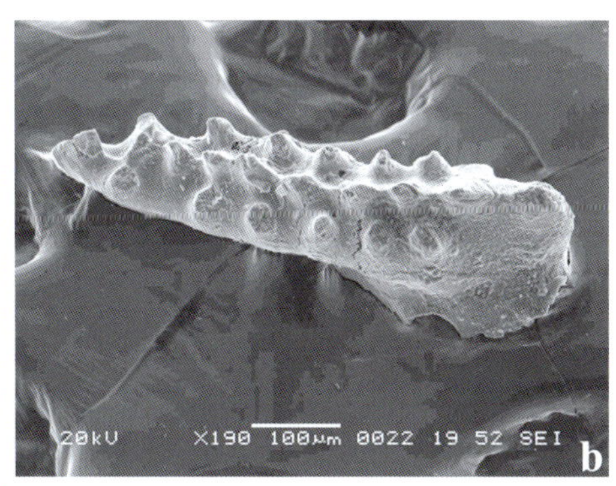

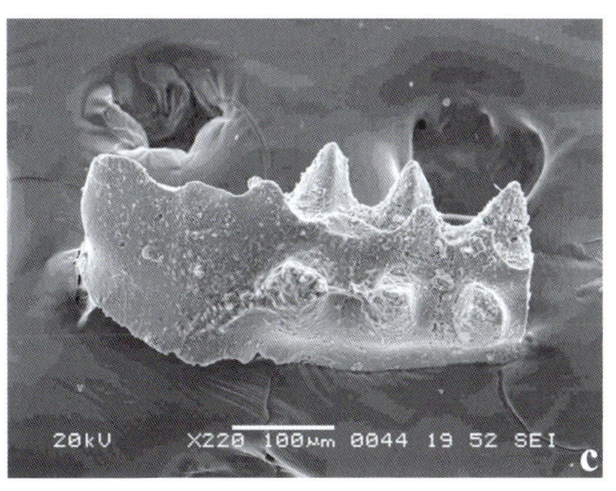

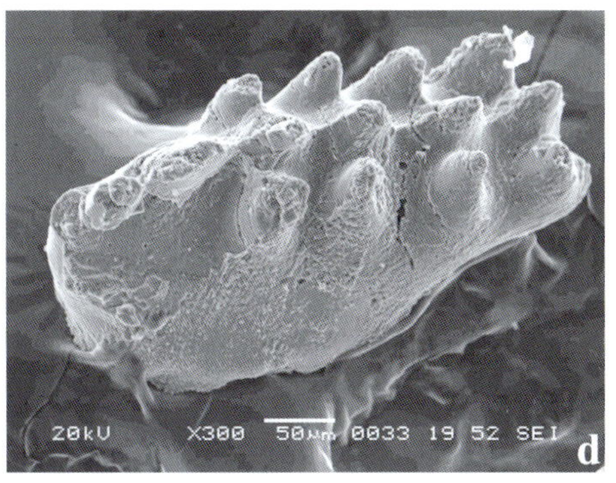

白水江群灰岩块体中的牙形石

a—*Ligonodina* sp.; b—*Icriodus culicellus*; c,d—*Icriodus* sp.

全国区域地质综合研究试点：中国地质调查局基础地质调查与研究工作项目，负责人李廷栋院士、丁孝忠研究员。完成了全国区域地质志编写技术要求的研究，基本满足了地质志编写专业构架内容的要求。在区域地层综合研究、大地构造综合研究、岩浆岩综合研究、地球物理和深部地质综合研究、编图、第四纪地质综合研究及地质志数据库建设方面提出了整体编图的指导思想、编图原则和地质志图件、数据库的基本构架。江西省的试点工作全面覆盖了区域地质、矿产、环境三部分。通过资料总结研究和初步的野外调查对江西省的诸如双桥山群研究等重大地质疑难问题的研究有了重要的新发现和新认识，为指导和规范全国地质志的编写提供了有益的经验和范例。

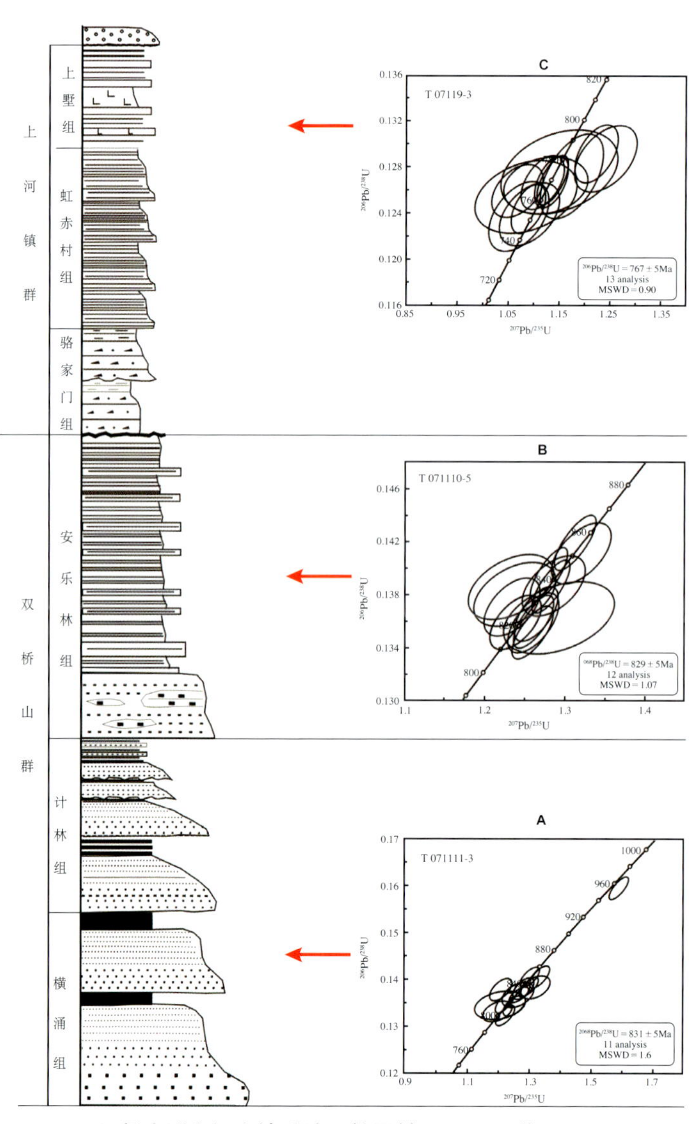

双桥山群和河上镇群地层柱及锆石 U–Pb 谐和图

内蒙古中部晚新生代湖泊演化与古气候研究：中国地质调查局基础地质调查与研究工作项目，负责人为王永研究员。项目结合卫星遥感影像解译及野外地质调查，综合分析湖泊沉积地层、孢粉组合及环境磁学特征，将内蒙古中部第四纪晚期以来湖泊演变及气候环境演化划分出 3 个阶段：150ka、21ka、10ka，此期间曾大范围发育湖泊，为一较温暖的半湿润气候环境。将之与阳原全新世剖面对比分析，证实了中国北方第四纪晚期气候变化的波动性与阶段性，同时也存在区域性差异。浑善达克沙地在晚更新世就已经存在，经历了 3 次明显的气候干冷事件。

典型珍稀化石特征研究：中国地质调查局基础地质调查与研究工作项目，负责人为姬书安研究员。项目基本查明收藏的恐龙蛋化石、哺乳动物化石以及其他类型化石的产出地点以及时代分布；完成了中国恐龙蛋化石分布、河南省恐龙蛋化石分布、和政地区晚新生代哺乳动物化石分布图等图件。对发现于河南潭头盆地的恐龙蛋壳进行了详细研究，确定了 2 个属 3 个种恐龙蛋，极大地丰富了前人对该盆地恐龙蛋的认识。在甘肃兰州盆地中铺一带发现了恐龙蛋壳，为甘肃省境内恐龙蛋化石的首次记录。识别出了恐龙蛋化石、和政哺乳动物头骨化石标本中几类不同形式的作假现象，对以后相关工作的开展具有借鉴意义。

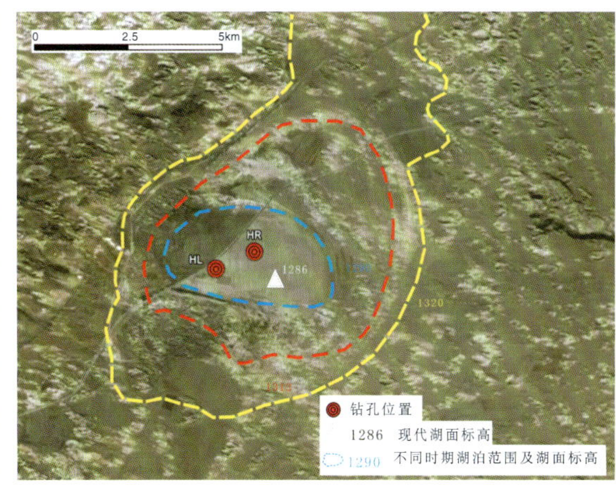

浩来呼热古湖泊遥感影像图

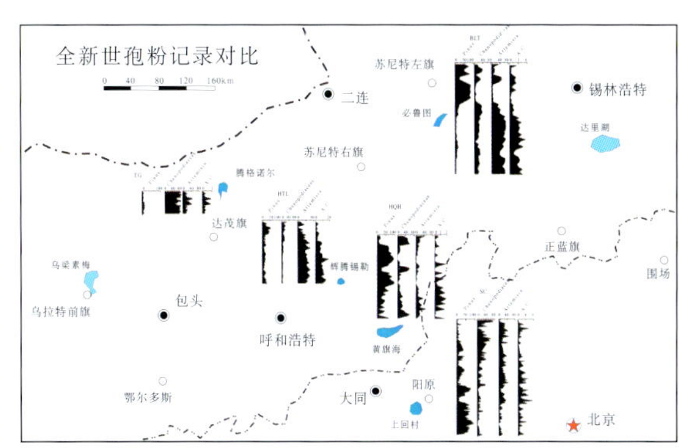

内蒙古中部地区全新世以来孢粉组合特征

中国白垩纪恐龙蛋化石分布图

河南潭头盆地恐龙蛋化石

中国大陆科学深钻主孔钻井

中国大陆科学钻探工程综合研究（东海）：中国地质调查局、国家自然科学基金资助项目，负责人为许志琴院士、刘福来研究员等。项目通过钻探，在原有金红石矿体下又发现了厚达400m的金红石矿体，为富含钛磁铁矿的辉长岩经超高压转变成富金红石榴辉岩的结果。在岩心及附近地表露头岩石的锆石中普遍发现柯石英，表明苏鲁地体由榴辉岩及其围岩的原岩所组成的巨量陆壳物质曾整体发生深俯冲。发现有经超高压变质的侵入性超镁铁岩（CCSD主孔、PP3卫星孔）和残余地幔楔（PP1和PP6卫星孔）；在主孔岩心橄榄岩和榴辉岩岩屑中鉴定出金刚石、方铁矿、自然铁、自然铬、自然金、自然铝、镍纹石、铁纹石等数十种矿物，初步判断它们来自于深部地幔。矿物氧同位素组成研究证实超高压地体的原岩形成于被动大陆边缘的构造环境，陆壳岩石曾与寒冷的冰水发生过广泛的交换作用。建立了苏鲁地体“俯冲—超高压变质—折返—隆升—去顶”全过程的年龄谱系和各阶段的俯冲与抬升速率，表明苏鲁超高压变质带经历了快速俯冲—快速折返以及慢速隆升和极慢速去顶的演化过程。显微构造分析发现橄榄岩和榴辉岩在深俯冲过程中经历了强烈的高温塑性变形。将苏鲁超高压岩石的流体-岩石相互作用划分为7个演化阶段，提出大陆板块的深俯冲可以将相当多的流体和其中的溶解物质从地表带入到地幔深处；在锆石中发现了与柯石英共存的原生流体包裹体和超临界富硅酸盐的含水熔体，表明苏鲁地体的榴辉岩及其围岩在超高压峰期变质阶段有流体参与。提出了苏鲁地体分片俯冲—折返的穿时模型和深俯冲的物质沿板块汇聚边界的多层隧道呈多重/分片样式“挤出”的折返模式。首次利用科学钻探验证了结晶岩区地球物理成果，并建立了主孔区6000m深度的结构剖面，为陆-陆碰撞带的深根和苏鲁UHP变质地体三维结构的建立奠定了基础。

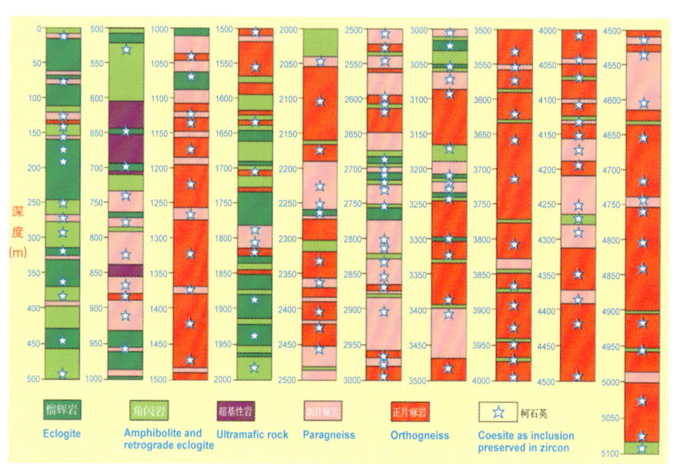

5100m钻探岩性剖面

汶川地震钻探专项：为科技部项目，总负责人为许志琴院士，由8个子课题组成在汶川特大地震发生及其余震尚在继续的特殊时期，快速实施汶川地震断裂的科学钻探是认识地震发生的机制、提高地震监视和预警的能力的一条重要途径，是研究地震破裂、应力解除过程的最佳时段。WFSD－1完成了1200m的钻进目标，在589～700m深度发现北川－映秀地震主断裂。主断裂带由厚达200m的黑色断层泥、碎裂岩和断层角砾岩组成，发现了罕见的20m厚的断层泥；在主断裂上部的彭灌杂岩中发现近20条古地震断裂带。开钻以来通过30000次余震的监测以及随钻实时流体监测，发现流体异常与余震及断裂带有相关关系。

汶川地震科学钻探

脊椎动物化石研究取得了突破性进展：为中国地质调查局、国家自然科学基金、科技部973课题共同资助的阶段性成果。在辽西热河生物群研究中取得了突破性进展：新的哺乳动物化石——亚洲毛兽的发现为早期哺乳动物的中耳演化提供了重要线索。新属新种孔子天宇龙恐龙化石的发现不仅将异齿龙类恐龙的分布扩展至亚洲，而且填补了羽毛早期演化中的一个空白。达尔文翼龙化石的发现填补了由原始翼龙向进步翼龙演化的过渡类型的空白。中国猛龙恐爪龙类足迹化石的发现（河北省赤城县土城子组地层）成为世界上最古老的、最小的恐爪龙类足迹。

大型科学仪器远程共享公共服务系统取得重大进展：由北京离子探针中心牵头承担的国家科技基础条件平台重点项目“用于微束分析的大型科学仪器远程共享公共服务系统”和“离子探针示范系统”项目实现了微束分析大型科学仪器远程共享公共服务系统和离子探针远程共享控制系统，接入了中国地质科学院、中国计量科学研究院、吉林大学、南京大学、西北大学、北京大学、天津地矿所、宜昌地矿所和澳大利亚Curtin大学及ASI公司等单位的微束仪器，提供了针对地球科学、材料科学、生命科学、医学、纳米技术等学科的远程科学实验，提高了该类仪器的使用效率和应用水平。

台北中研院地球科学研究所所长江博明教授和中心主任刘敦一研究员在2009年3月建立的台北SROS工作站观摩SHRIMP远程实验

我国台湾地区第一个SHRIMP远程工作站建成。SHRIMP II中国台湾地区远程工作站（SROS工作站）于2009年3月16日下午顺利通过调试，并在3月16日至19日期间与北京连线进行了约80个小时的实际样品远程定年。系统运转稳定，测试工作圆满成功。SROS得到国际地学界的广泛认可和高度评价，SHRIMP II远程测试工作已在全球范围内成功地常规化开展。中国台湾地区远程工作站的建立，将进一步加强海峡两岸在地学研究方面的互动与交流，为地质研究所与台湾地学界同仁开展全方位的合作打开新局面。

王瑞江所长在典型示范成果技术委员会验收会上做报告

国内知名专家、院士评估潜力评价典型示范成果

中国地质科学院矿产资源研究所

中国地质科学院矿产资源研究所作为中国地质调查局直属的事业单位，既是国家科技创新体系的重要组成部分，又是中央公益性地质调查队伍的主体力量和重要技术支撑。主要开展矿床地质、地球化学、地球物理、成矿规律、成矿预测、矿产勘查新理论新方法、矿产资源调查评价、矿产资源战略和可持续发展研究，以及重大矿产资源科学问题研究等。中国地质学会矿床地质专业委员会、矿物专业委员会挂靠在所，主办学术刊物《矿床地质》。

2009年矿产资源研究所承担项目200余项，其中国家科技支撑课题12项、国家863课题4项、国家973课题5项、国家自然科学基金项目20项、地质大调查项目38项、深部计划专项项目1项、部危机矿山项目11项、部公益性行业专项项目3项、部

王瑞江所长（中）、张佳文副所长（右二）、毛景文副所长（左二）、王宗起副所长（右一）、邢树文副所长（左一）

百人计划项目3项、各省局地勘项目3项、公司等委托项目28余项等，以及所基本业务费项目和院实验室项目若干项。获国土资源科学技术奖一等奖1项、二等奖2项；发表论文153篇，其中SCI收录23篇，ISTP论文3篇，EI检索2篇，国外一般13篇，国内核心期刊99篇，国内一般13篇，出版专著9部。

全国矿产资源潜力评价新一轮技术培训研讨会

2009年度重要科研成果

全国矿产资源潜力评价：属国土资源大调查重点计划项目，2009年整体工作有序推进，省级工作全面展开并取得实质性进展，基本完成除新疆、西藏、青海、内蒙古、黑龙江5省（区）外的全国各省（区、市）铁矿和铝土矿单矿种资源潜力评价工作（包括与铁、铝潜力评价相关的成矿地质背景、成矿规律、物探、化探、遥感、自然重砂、矿产预测、数据库建设等项工作），及省级基础编图工作（包括1∶25万实际材料图和建造构造图、全省/区/市重力、磁测、化探、遥感、自然重砂等基础编图）。煤炭、铜、铅、锌、钨、锑、稀土、金、钾、磷等单矿种资源潜力评价工作正按计划有序推进；全面完成全国典型示范工作，成效显著并及时应用于矿产勘查年度工作安排和“十二五”规划部署研究中；完成技术要求的最后审定和编制，交付正式出版；成功举办全国新一轮技术培训；成功召开了2009年度全国工作会议，进一步加强和推进了项目组织管理和工作进度；开展了自2006年以来省级项目工作进度统计分析，按月及时、全面地掌握了工作进展情况；以开通专门网站和签订宣传合作协议的方式，加强了项目成果的宣传。

国土资源部地勘司和地调局有关领导亲临验收会

全国矿产资源潜力评价2009年度工作会议现场

全国铁、铝单矿种潜力评价成果示范验收会

全国矿产资源利用现状调查项目技术要求培训会

全国矿产资源利用现状调查：该项目是国土资源部开展的矿情三项调查任务之一。项目由中国地质科学院矿产资源研究所承担，全国31个省（区、市）和相关行业部门参加，项目办公室设在矿产资源研究所。本项工作于2007年启动，计划2010年底基本完成任务。

经过两年的努力，本项工作已在全国全面展开。2009年主要进展如下：①按六大区片系统组织了全国技术培训，另应安徽、广东、广西、河南、山西等十多个省（区、市）的要求，有针对性地开展了省级培训，共计培训技术人员5000人次，为本次核查工作奠定了坚实基础；②全面展开了全国矿产资源储量动态监督管理支持系统建设，包括煤炭矿区三维可视化系统开发、矿区资源概略技术经济评价软件开发及试点等；③省级试点及调研工作全面推进。为了发现和解决实际工作中的问题，全国项目组开展了黑龙江鹤岗煤炭矿区储量核查试点、煤炭三维可视化系统试点、湖北及北京单矿种汇总试点、北京评审验收办法细则试点等一系列试点工作，并组织了山西、黑龙江的省级调研，这些工作均取得了良好的指导示范效应；④矿区资源储量核查工作取得阶段性成果。全国计划核查矿区为22589个（含各省自选矿种），已完成核查4838个，完成比例为21%；部规定核查的大中型矿区5175个，已完成核查1196个，完成比例23%。

王瑞江所长（左二）、王登红研究员（右一）在西藏新嘎果铅锌矿区考察

中国成矿体系综合研究：属国土资源大调查项目，项目负责单位为中国地质科学院矿产资源研究所，参加单位有天津地质矿产研究所、长安大学等。主要完成人员：陈毓川、王登红、徐志刚、沈保丰、汤中立、陈郑辉等。该项目在“中国成矿体系与区域成矿评价”项目的基础上，通过对成矿作用和成矿系列的深入研究，充实了成矿系列内容，提升了中国成矿体系和成矿规律的认识；根据新资料，重新划分了全国范围的Ⅰ、Ⅱ、Ⅲ级3个层次的成矿区带，增加了海域成矿区带的划分，首次实现了国土面积的全覆盖；从唯物辩证法的角度提出了“全位成矿-缺位找矿”的必然性和偶然性、一般性和特殊性、现实性与可能性，以揭示成矿规律，指导地质找矿，体现了根据“现实”来预测“可能”的基本思路，对拓展找矿思路具有重要意义；在深入研究各主要地质历史时期成矿体系的地质构造环境等重大成矿基础地质问题的基础上，进一步确立了中国前寒武

纪以陆核构造为主的成矿体系、古生代的板块构造成矿体系和中、新生代的大陆成矿体系，充分体现了我国四大成矿体系各自的本质和特点；探索并已初步构建了数字化和系统化的中国成矿体系专家系统，为地质矿产资源勘查和矿产地质基础研究等提供了便捷的查询服务。2010 年 1 月，该项目通过中国地质地调局成果报告评审委员会验收，成绩为优秀。

青藏高原火山沉积硼矿成矿条件与找矿标志研究：属国土资源大调查工作项目，项目主要成员有：郑绵平、齐文、李金锁、陈文西、袁鹤然、刘建华、曹建科、郑元、刘丹阳、李道明等。该项目通过多年深入研究区调查，取得下述主要成果。

发现和确认在青藏高原存在富硼二元结构火山沉积岩系，经 K－Ar 和 SHRIMP 测定年龄为 21 ~ 16Ma。其成矿时代与土耳其安纳托利亚主成硼带相同；首次发现该火山沉积二元结构硼、锂、铯、铷以及砷正异常，且与安纳托利亚火山沉积岩系硼、锂、铯、铷相当，并在火山沉积岩层中发现钠硼解石和硼砂矿物，局部硼矿层已达工业品位；遥感、水化学、岩石矿物等多学科研究充分揭示卡湖地区有广泛的硼、锂（铷铯）地球化学高丰度显示，其正异常面积约近 10000km^2。通过区域地质和岩石学研究，查明色卡执早中新世火山沉积岩形成地质构造背景。该区与安纳托利亚同处于板块边缘附近，卡湖富硼超钾质火山沉积岩系是在印度板块与欧亚大陆陆陆碰撞期后、地壳东西向伸展背景下的封闭断陷盆地中形成的，硼（锂）物质可能是代表来自深部岩石圈和地幔部分熔融的产物。调查发现现代卡湖产硼砂和钠硼解石的厚度达 1m 多，发现 10 个现代盐湖和咸水湖湖水硼或锂达到工业品位，初步估算的 B_2O_3 和 LiCl 资源量分别为 830 万吨和 4.6 万吨；指出青藏高原同属中新世早期沉积（五道梁群和查保马组）的可可西里至青藏铁路中段等地，值得进行火山沉积硼矿探索。调查结果表明，西藏卡湖地区火山沉积硼矿化区具备火山沉积硼矿床构造地质、岩石矿物和地球化学的找矿先决条件，具有寻找超大型火山沉积硼矿的潜力。该成果为我国突破超大型火山沉积硼矿的先导性成果，为在青藏高原寻找该类型矿床提供了重要的科学依据。

我国战略性矿产勘查工作运行机制研究：属中国地质调查局地质调查工作项目，主要完成人员有：王瑞江、崔艳合、王文、罗晓玲、孙艳、张新安、李建武、颜世强、刘树臣。项目以科学发展观为指导，深入分析了我国矿产勘查面临的国内外环境和形势；详细阐述了战略性矿产勘查工作的基本内涵、性质定位、主要任务和部署原则等；系统剖析了我国矿产勘查工作管理体制的变迁与特点，对计划经济和社会主义市场经济两个时期我国地质工作体制和运行机制取得的成绩和存在问题等进行了评价；全面收集了世界主要以市场经济体制为主体国家的矿产勘查工作管理制度、运行机制等基本资料，结合我国实际特点，从产业管理体制、矿产勘查投资、矿产勘查主体、矿业权运作等方面进行了对比分析研究，提出构建适合我国社会主义市场经济体制的矿产勘查运行机制的基本要素和下一步改革建议；对我国战略性矿产勘查的市场准入及退出、工作部署、找矿激励、科技引领、主体互动、风险勘查、投资融资、质量监控、勘查利益调配、矿产战略储备、资料公共服务等各环节的运行机制进行了细致地阐述分析；深入探讨了我国战略性矿产勘查中有关公益性地质队伍建设、国家公益性地质工作对商业性矿产勘查的引导和拉动作用，以及“走出去”等若干重大问题。提出的这些认识和建议对推动我国战略性矿产勘查工作具有重要参考意义。

“玢岩”型铁、硫矿床及控矿构造的反射地震探测研究：高分辨率反射地震在探测深度和分辨率方面具有其他方法无法比拟的优势。为试验该方法在探测深部“层状”矿床和控矿构造方面的有效性，吕庆田研究团队在国家危机矿山专项计划项目的支持下，于2008年在安徽庐枞（庐江－枞阳）矿集区的罗河－泥河－大包庄矿区采集了两条10km的高分辨率反射地震剖面。尽管矿区构造十分复杂，但叠加剖面仍然发现了很多反射：白垩纪沉积红盆清楚的反射特征，揭示出红盆具有3层结构，厚度约1200m。从沉积韵律分析，白垩纪以来该地区在伸展构造背景之下伸展速度和沉积环境存在阶段性变化；火山岩层大致呈现3层结构，火山沉积岩层（双庙组、砖桥组）的厚度约800～1000m。火山沉积岩之下有明显的“穹隆形”反射，推断可能存在“鼻状”隆起的侵入体。对照精细建立的地质剖面，罗河矿体、泥河矿体上方存在清晰的反射，与矿体位置基本对应，初步证实利用高分辨率反射地震可以直接探测到矿体；同时也发现，当矿体陡倾，或结构形态复杂、或空间尺寸较小时，对应矿体无反射或呈零乱弱反射。试验结果表明，高分辨率反射地震可以用于探测深部控矿构造，在条件合适情况下，可以探测层状矿体。

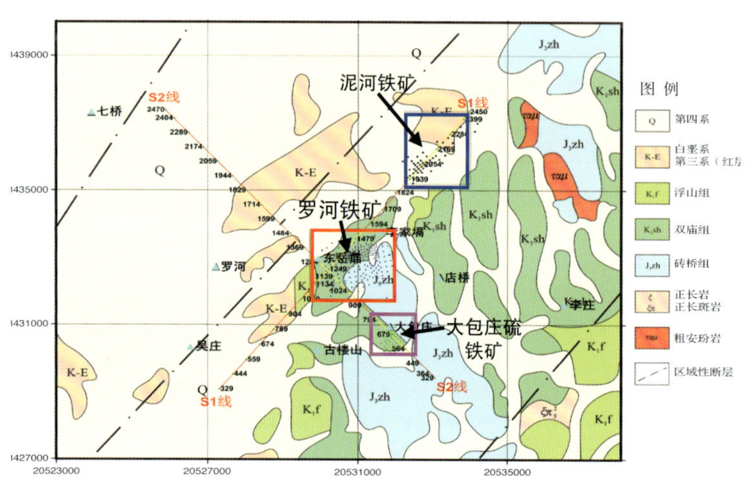

罗河、泥河、大包庄矿床地质简图及反射地震剖面位置（S1、S2）
图中蓝色、红色和粉色方框分别代表泥河、罗河和大包庄矿区范围；黑色、蓝色和绿色圆点分别代表泥河、罗河和大包庄矿床钻孔分布

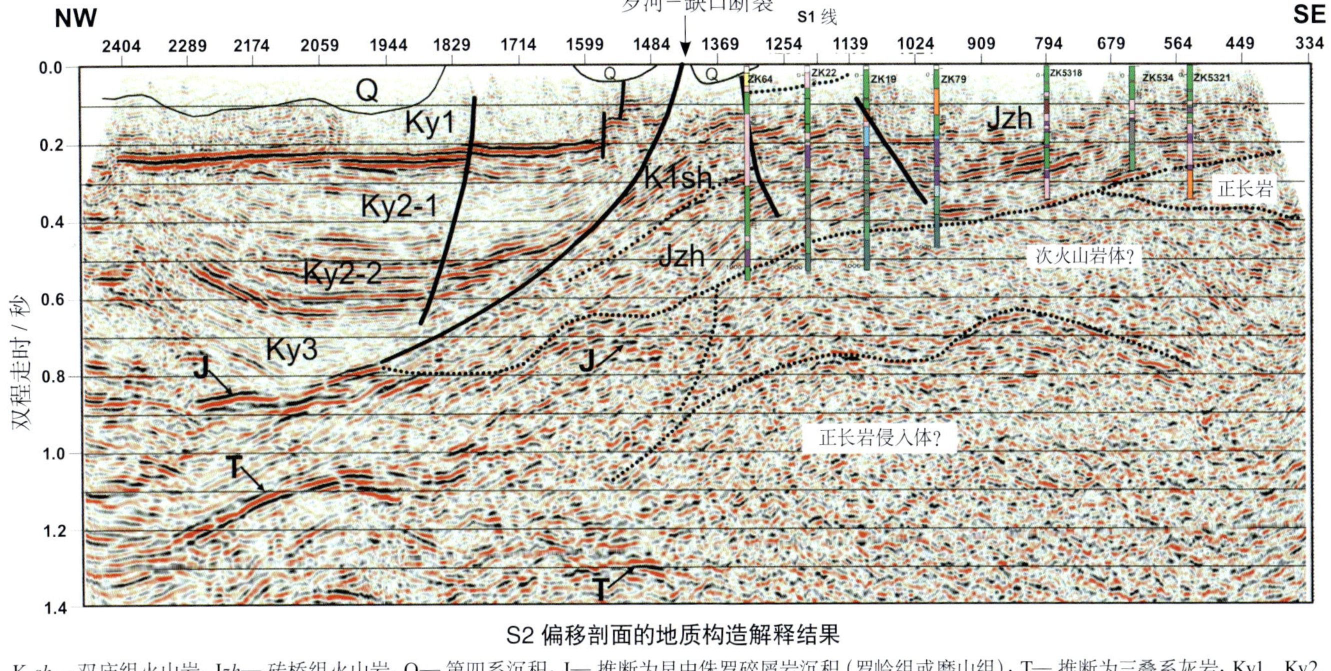

S2 偏移剖面的地质构造解释结果

K_1sh— 双庙组火山岩；Jzh— 砖桥组火山岩；Q— 第四系沉积；J— 推断为早中侏罗碎屑岩沉积（罗岭组或磨山组）；T— 推断为三叠系灰岩；Ky1、Ky2、Ky3 分别代表红盆的三层结构；粗实线为断裂，细虚线为岩性界面；ZK64 — 剖面经过的钻孔位置、编号及柱状图，钻孔岩性图例如下：

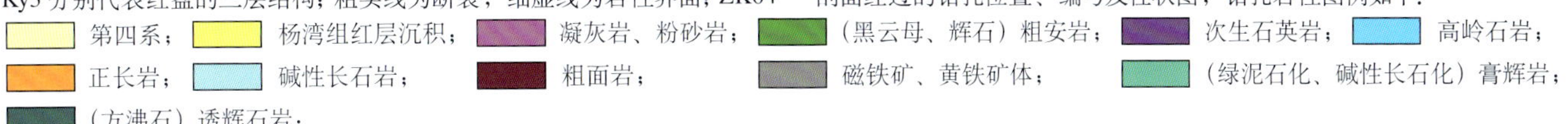

加拿大萨斯喀彻温省找钾勘查：属于社会项目，主要完成人有：齐文、郑绵平、闫长明、孙伟、罗晓峰、黄适等。矿产资源研究所与中川国际矿业控股有限公司开展战略合作，在加拿大萨斯喀彻温省钾盐成矿带周缘进行找钾勘查，通过大量地震物探、钻探取心、测试分析和综合地质研究，在 KP488 区块找到了大型优质钾石盐矿床。该钾矿层赋存于中泥盆统顶部，共有 3 个钾矿层，埋深 1229 ~ 1308m，矿层平均厚度 19.25m。钻孔控制矿体面积 37km^2。矿石类型为氯化钾矿，KCl 平均品位 32.8%。KCl 资源量巨大，达 50255.85 万吨，其中：控制的内蕴经济资源量（332）KCl 3330.84 万吨，推断内蕴经济资源量（333）KCl 46925.01 万吨。勘查表明，这是一个具有良好开发前景的大型优质钾石盐矿床。

郑绵平院士带队在加拿大考察钻孔岩心

刚从钻孔中取出的钾盐岩心

新疆准噶尔盆地周边斑岩铜矿成矿条件研究：属中国地质调查局地质调查工作项目，报告完成人有：杨富全、闫升好、刘玉琳、周刚、刘德权、王义天、杨建民、宋会侠。该报告将新疆准

哈腊苏中型斑岩铜矿区景观

包古图大型斑岩铜矿区景观

噶尔斑岩铜矿床成矿时代分为 4 期，即晚志留世 — 早泥盆世 (427 ~ 411Ma)，主要分布在东准噶尔琼河坝地区；中泥盆世 (378 ~ 376Ma)，主要分布在准噶尔北缘的卡拉先格尔一带；石炭纪 (327 ~ 296Ma)，主要分布在准噶尔北缘的希勒库都克和西准噶尔的包古图一带；三叠纪，主要见于希勒克特哈腊苏铜矿，叠加在中泥盆世成矿作用中。新疆准噶尔斑岩成矿带体现出从东到西成矿时代逐渐变新的规律，从 427 ~ 418 Ma (铜华岭铜矿) → 411 Ma (蒙西铜钼矿) → 374 ~ 378 Ma (希勒特克哈腊苏铜矿和玉勒肯哈腊苏铜矿) → 327 Ma (希勒库都克钼铜矿) → 310 ~ 296 Ma (包古图铜矿)。境外的东西两段均发现了许多大型、超大型矿床，因此，处于中段过渡带的准噶尔也有形成大型、超大型矿床的条件。对包古图大型斑岩铜矿进行了系统研究，建立了包古图斑岩铜矿成岩成矿年代学谱系，探讨了成矿作用。测定了哈腊苏斑岩铜矿成矿时代，对成矿流体性质和来源进行了研究，建立了矿床模型，提出早期成矿作用发生在中泥盆世，与斑岩有关，晚期叠加成矿作用发生在中晚三叠世，与构造-岩浆-热液活动有关。

岩矿和化石标本标准化整理、整合及共享试点：属科技部、财政部自然科技资源共享平台项目中的子课题，主要完成人员有：张德全、崔艳合、佘宏全、唐绍华、李进文、丰成友、张作衡、白鸽、杨郧城等。项目采集或收集整理了湖北大冶铁矿、江西德兴斑岩铜矿、云南个旧锡矿、山东焦家、新城金矿等 43 个大中型金属矿床标本共 2882 件，编写完成了所有 43 个矿床和 2882 件岩矿石标本的描述和信息记录工作。标本全部保存于资源所专业展览馆内，每一个岩矿石均建立了相关信息数据资料。可以通过网络查阅了解矿床的位置、用途、资源编号、规模大小、矿床特征、矿石和矿体特征、品位、主要地质图件、分析数据等 51 项信息内容；同时提供单个岩矿石标本的结构构造特征、矿石照片、提供标本的联系方式等 29 项具体信息。主要应用网络服务面向社会和地质专业部门提供浏览性服务，为地质科学院研究生教育提供试验教育服务。

2006 ~ 2008 年岩矿石标本标准化整理矿床分布图

中国地质科学院地质力学研究所

中国地质科学院地质力学研究所主要研究领域包括构造地质、新构造与地质灾害、地应力与区域地壳稳定性评价、油气地质及矿田构造、第四纪地质与环境等领域。国际工程地质与环境协会（IAEG）新构造与地质灾害专委会、中国地质学会地质力学专业委员会、第四纪地质与冰川专业委员会和古地磁专业委员会挂靠该所。主办学术刊物为《地质力学学报》。

2009 年地质力学研究所实到经费 8816.35 万元，包括地质大调查项目 3418 万元、科技部项目 1649 万元、国家自然科学基金项目 223.6 万元、国土资源部项目 2218.56 万元、基本科研业务费项目 341.02 万元、横向合作项目 976.17 万元。承担各类项目 173 项，其中包括地质大调查计划项目 3 项、工作项目 22 项、国家（科技部）项目（课题）25 项、国家自然科学基金项目 17 项、国土资源部项目 23 项、基本科研业务费项目 40 项、横向合作项目 42 项。

2009 年获中国黄金协会科学技术奖一等奖 1 项，获中国国际专利与名牌博览会特别金奖 1 项。公开发表科技论文共计 114 篇，包括 SCI 检索期刊共计 22 篇，EI 检索期刊 2 篇，国内核心期刊 76 篇，出版专著 7 部。

所长龙长兴（中）、党委副书记兼纪委书记何长虹（左二）、副所长赵越（右二）、副所长李贵书（右一）、副所长侯春堂（左一）

《全球构造体系图》编制出版：属地质调查项目，负责人为苗培实、周显强研究员。在孙殿卿和马宗晋两位院士指导下按照地质力学整体观、系统论，由苗培实、周显强等通过“由地球看宇宙”和“从太空看地球”编制而成的既有继承又有创新的综合性大型图件。该项目提交了1∶2500万《全球构造体系图》1幅和说明书，1∶7500万辅助图件6幅及说明书和附表。

该图展示了11种不同型式、不同规模的构造体系，新建立了全球棋盘格式构造格架；发现并厘定了：全球大扭转构造体系、南大洋裂离式旋转构造体系、大洋裂谷系经向构造体系、大西洋－马里亚那非对称型壳裂式构造体系；建立了块缘歹字型构造体系概念；认定北古老地块系及南古老地块系，分别组成了3个超巨型纬向构造体系和4个超巨型经向构造体系，围绕北极是一个挤压型同心圆辐射状超旋转构造体系。

6张辅助图件还分别揭示了全球构造对固体金属矿产、石油天然气的形成与分布的控制作用；全球构造对地震和火山活动规律和分布的控制意义以及全球构造对洋流、热带风暴和自然灾害的控制作用、发生与发展规律，为减灾、防灾提出了建议。

全球构造体系图

新构造与重要经济区和重大工程安全系列图件编制：属中国地质调查局地质调查项目，项目负责人为马寅生研究员。编制完成了1∶500万中国新构造图、中国现今地应力状态图、中国地质灾害易发区分布图、中国区域稳定性评价图及说明书，编制完成了1∶20万京津地区区域稳定性与城市安全图、京沪高速铁路沿线新构造活动与工程安全图及说明书。

通过编图和野外调查，更新了中国新构造图的地质信息，总结了我国不同地区新构造运动特征，进行了新构造分区;总结了中国现今地应力方向和大小的变化规律，探讨了不同地区地应力的变化特征，建立了中国地壳表层现今地应力测量最大主应力值分级标准。从地质灾害形成与发展的基础条件、动力条件或激发条件、现今地质灾害点分布情况，区划了地质灾害的易发区。以地壳结构、地质构造背景、活动断裂、地震活动、现今地壳垂直运动速率、地应力、地热和地质灾害等作为评价因子，进行区域稳定性综合评价。指出了影响京津地区区域稳定性和城市安全、京沪高速铁路工程安全的主要地质问题。认为影响京津地区区域稳定性和城市安全的内动力因素主要是地震活动、活动断裂。外动力因素主要是地面沉降、地裂缝、崩滑流和地面塌陷等地质灾害。京沪高速铁路沿线新构造活动与工程地质特性可分为北京—济南、济南—徐州、徐州—上海3段。影响铁路安全的主要地质因素包括地震活动、活动断裂、岩土体性质和地质灾害。

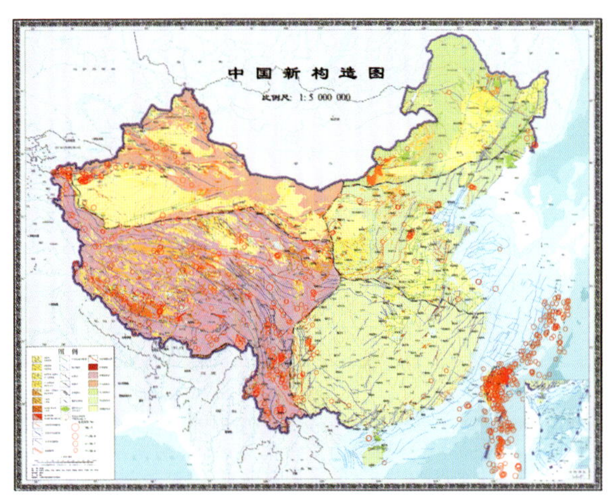

中国新构造图

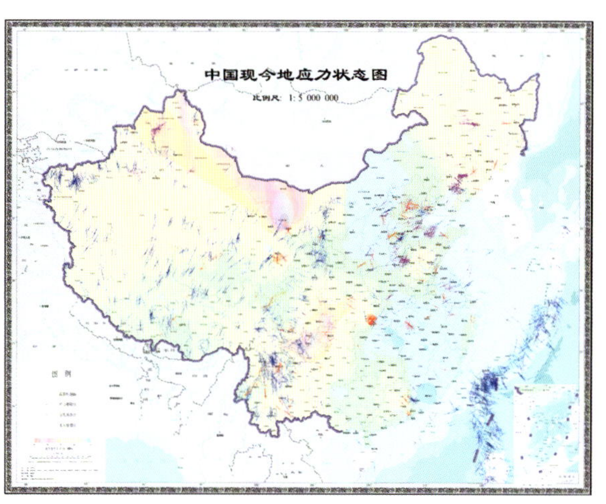

中国现今地应力状态图

中国区域稳定性评价图

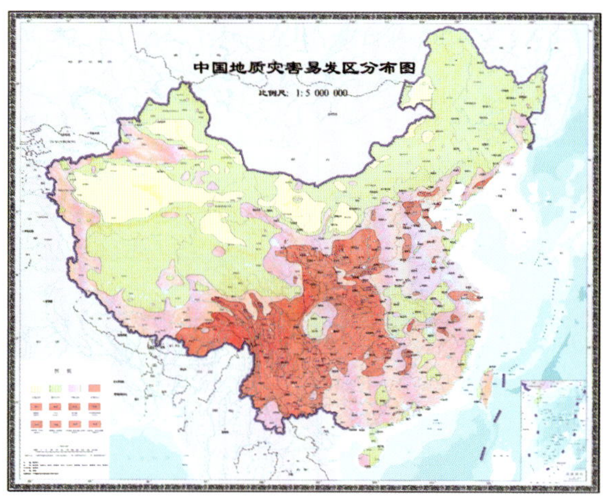

中国地质灾害易发区分布图

部分项目组成员野外合影（山西榆社新近系）

山西平陆古近系

华北地区古近系和新近系地层格架厘定：属国土资源大调查项目，负责人为朱大岗研究员。根据野外调查和室内综合研究，确定了华北地区古近纪 — 新近纪地层的分布和特征，建立了华北地区古近系 — 新近系典型地层剖面，开展了华北地区古近纪 — 新近纪地层区划和多重地层划分；根据华北地区古近纪 — 新近纪地层时代和年代学研究结果，确定和重新划分了山东古近系、新近系的年代地层，建立了华北地区古近系和新近系地层的年代序列；根据山东平邑–蒙阴地区古近纪地层时代讨论、山西平陆地区古近纪地层的重新厘定与划分、山西榆社地区新近纪地层的补充与完善、山西保德–静乐地区新近纪地层时代讨论等方面的综合研究，重新厘定和划分了华北地区古近纪 — 新近纪地层，建立了华北地区的古近系和新近系地层格架；根据环境代用指标测试分析结果，对华北地区古近纪和新近纪时期的古环境与古气候变迁进行了综合研究，确定了华北地区古近纪 — 新近纪地质环境演变过程和古环境演变序列：自65.0 Ma B.P. 至 2.48 Ma B.P.，伴随着华北地块的快速凹陷，华北地区的古气候与古环境经历了由亚热带潮湿气候→温带潮湿气候→温带偏干气候的变化过程。对华北地区古近纪和新近纪时期构造演化进行了分析，探讨了华北地区古近纪 — 新近纪湖盆形成演化与陆内造山之间的关系。2009 年 12 月 30 日，中国地质调查局组织对项目成果进行了评审，结果为优秀。

灾区次生灾害隐患排查与工程设计示范：属科技部科技支撑项目课题，课题负责人为张春山研究员。通过对重灾区 14 个县的次生地质灾害、堰塞湖、溃坝险情水库、受损堤防等的调查研究获得了大量调查和统计数据。阐述了各类次生灾害分布特征、形成条件，分析了次生地质灾害的易发地层和工程岩组，进行了危险性评价分区，对个别灾害进行了风险评价和排序，对重灾区的次生灾害隐患点进行了危险性评价。编制了次生灾害的分布图、工程地质条件图和地质灾害危险性评价分区图（1:50 万）。课题提出的有关堰塞湖风险等级评判方法已经被水利部相关标准采纳。初步建立了灾区次生灾害危险性评价的模型和评价方法，提出了各类次生灾害应急危险性评价的技术流程和方法。对典型灾害隐患点进行了稳定性分析和模拟计算，提出了有针对性的防治方案和措施，对其他灾点防治具有典型示范作用。取得了大量的环境分析测试数据，开发了一套高危化学品和放射源远程监测系统。为地震灾区恢复重建工作中重建规划、特别是场地选址、地质灾害的防治提供了急需的次生灾害方面的基础资料，为国家和地方政府规划决策提供了基础科学依据。

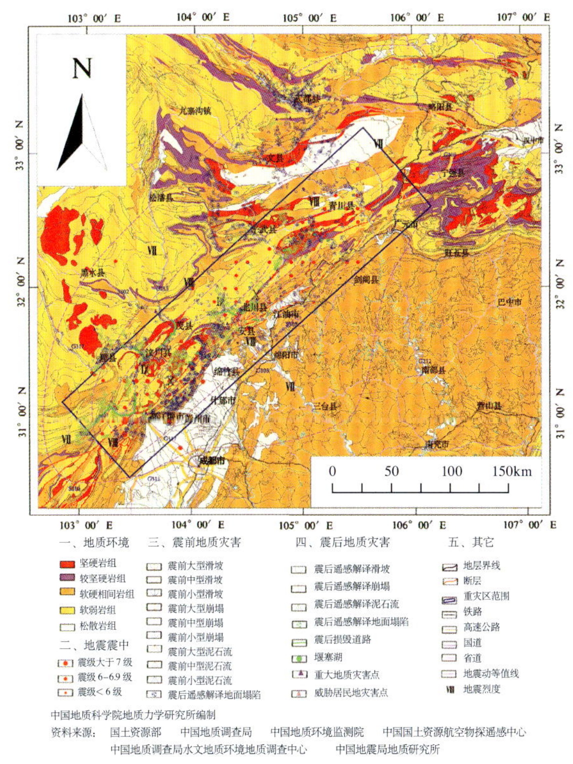

重灾区地质灾害分布与工程地质岩组分区图

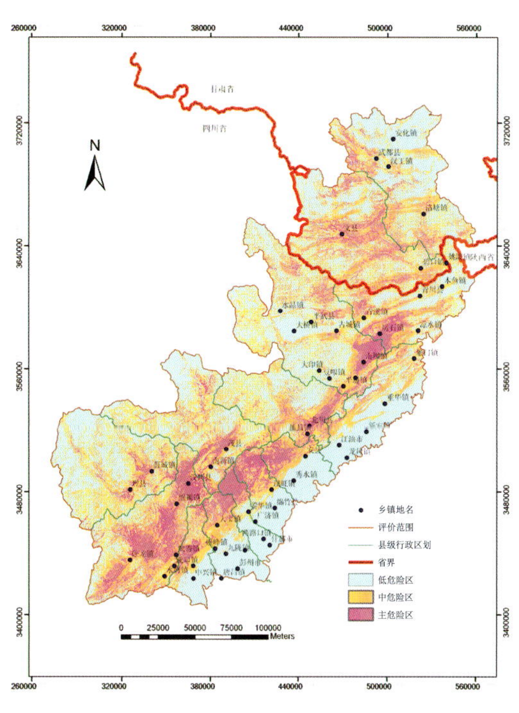

汶川地震重灾区震后地质灾害危险性定量评价结果图

空心包体三轴地应力测量系统升级改造：属科技部条件平台项目，项目负责人为董诚。对20世纪60年代研制的空心包体地应力系统进行了大幅度改造，研制成功了具有国际先进水平的空心包体精密原岩三轴地应力测量系统。该系统具备以下特点：①体积小，集成度高。利用先进的微处理器和单片机技术，将应变测量、定位器、平衡箱、数据预处理、存储单元、通信单元等功能全部集成安装于直径88mm、长度230mm的耐压仪器舱，可直接放置于解除钻孔中。②设置灵活，自动化程度高。灵活多样的设置控制使得每个通道的3种桥型和5种量纲（应变、应力、重力、位移、温度）变换自由。通过参数设置能够自动独立完成所有井下测量、数据存储等工作，具备了对竖直孔进行长期监测的能力。③实现了自动巡回检测。利用先进的电子开关技术，实现了1s～12h采集控制时间间隔，解决了机械触点的弊端。④配备强大的计算软件。PC端软件可通过实时通讯获取应变、方位、倾角等数据，计算钻孔附近岩体的三维应力状态并绘制曲线。改造完成后，经过多次实验室和野外实测验证，仪器各项参数都达到了设计的

改造后的空心包体三轴地应力测量系统外形

要求，使测量过程得到很大简化，测量速度和精度大大提高。该套仪器为进行快速、准确的地应力测量提供了一个新的手段。该系统不但可以用于地应力测量，也可用于其他需要测量应变。

广西岑溪市佛子冲铅锌矿矿产预测：属国土资源部危机矿山接替资源找矿项目，负责人韦昌山研究员。以成矿作用“三条件”→控矿因素“三位一体”→矿产预测“三步骤”（三·三程式）指导思路，提出了早期隆坳构造次级盆地边缘成矿作用的重要性，总结了燕山期“灰岩（泥质灰岩、钙质泥岩）层位+花岗闪长岩（花岗斑岩）+NNE向构造破碎带”的“三位一体”有机组合控矿、三者缺一不可的新认识，建立了综合找矿模型图表，提出了6个成矿预测区；结合面积性物探工作圈定了8处激电异常带（其中2处矿致异常），提出了矿产预测验证方案，所施工的2个验证钻孔分别见到厚达9m和6m的富铅锌（铜）工业矿体。结合前期探矿工程见矿情况及成矿地质条件分析，本次矿产预测佛子冲背斜西翼334？级别资源量估算为Pb+Zn（+Cu）66万吨。所总结的矿产预测思路、找矿标志及预测准则，不仅为今后在佛子冲背斜两翼的扩大找矿提供了重要信息，而且通过全程指导后续勘查项目实施，为矿山新增Pb+Zn（+Cu）333资源量64万吨，成为目前危机矿山专项中通过矿产预测项目工作有效地指导勘查工作，并新获大型资源量规模矿床的少有成功实例之一，实现了我所近期矿田构造指导深部矿产预测的新突破。

西藏阿里札达盆地晚新生代沉积建造及其构造意义：属国家自然科学基金项目，负责人为朱大岗研究员。通过野外地质调查、室内测试分析和综合研究，重新划分和建立了札达盆地晚新生代河湖相沉积地层序列，确定了札达盆地晚新生代以来河湖相地层的年代序列；首次在札达盆地上新世—早更新世河湖相沉积中发现了的两个不整合面；首次在札达盆地上新世地层中采集到犀类和鼠兔类化石；首次确定了札达等盆地的成因、构造属性及其演化过程，划分了札达盆地河湖相地层的层序地层，厘定了札达盆地河湖相地层层型剖面及其构造属性，并与青藏高原及邻区的晚新生代地层进行了对比；确定了沉积物的成因类型与突变事件的地层层位和年代，揭示了水动力、湖水盐度变化过程和构造事件的关系；确定了札达盆地上新世—早更新世的古植被、古环境与古气候演化过程，划分了古环境演化阶段；厘定了札达盆地南缘西喜马拉雅山在上新世—早更新

项目组成员在野外采样和选样

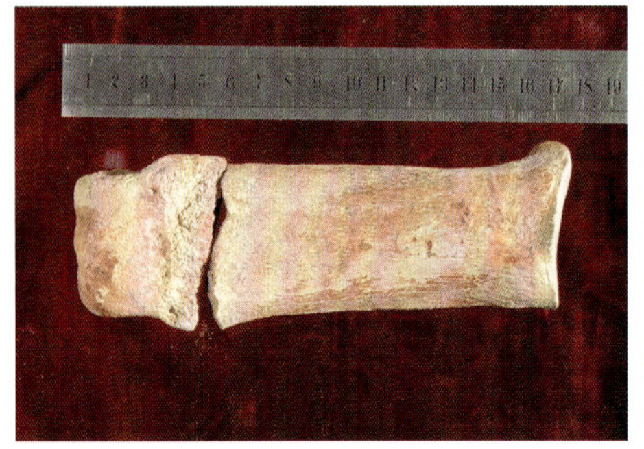

托林组第三岩段（$N_2^{1-3}t$）中的犀类额鼻角犀亚科（Dicerorhininas）第三蹠骨化石

世时期的隆升速率和强度；进一步探讨了青藏高原隆升、古湖泊变迁、古环境演化及其对全球变化的影响。本项目共发表论文15篇，其中国内核心期刊13篇、SCI收录论文2篇，培养硕士2名。

深切河谷地应力分布规律和卸荷裂隙形成机理研究：属国家自然科学基金面上项目，负责人为谭成轩研究员。以锦屏一级水电站深切河谷为例，综合考虑区域构造应力环境演化、河流下切和地壳抬升过程、河谷形态演化、边坡岩体结构构造、岩体工程地质特征、岩性组合、岩石物理力学特性、地形地貌、人类工程活动等因素，深入开展复杂地质要素和复杂结构面组合的深切河谷地质建模研究。配合岩石物理力学参数测试，按重力、构造作用力、地震作用力等不同组合应力边界条件，运用三维应力场有限元数值模拟方法，基本查明锦屏一级电站深切河谷谷坡和谷底应力降低区、应力增高区及原岩应力区的空间分布范围和应力量级，揭示其深切河谷地应力的分布规律、边坡岩体结构的表生改造和时效变形，以及边坡卸荷裂隙的形成机理、发育类型、展布规律、主控因素及其相关性，并与地应力测量、实际工程地质问题等相佐证。该项研究成果对于我国西南水电、交通等建设具有重要的理论和实践意义。

博格达山（东天山）新生代再造山的隆升特征和演化：属国家自然科学基金面上项目，负责人为王宗秀研究员。通过系统批量采样，运用低温热年代学方法与沉积响应相结合，对博格达山链新生代的隆升过程进行了系统研究，获得如下重要结认识：①博格达山链新生代抬升过程存在3个明显阶段：5.6～19Ma、20～30Ma和42～47Ma，其复活造山隆升的起动时间不晚于65Ma。②中新世是山体最显著的一期整体隆升，20Ma到5.6Ma之间山链表现为不均匀－差异隆升状态，而且随着年龄变新，隆升速率有加快的趋势，这与西天山以及青藏高原北部同期的构造事件相似，说明该期隆升意味着青藏高原向北扩展已经影响到了天山一线。③山体在东西和南北方向上的隆升具有明显的差异性特点，表现为冷却年龄自西向东、自北向南有逐渐变新的趋势。博格达山3次隆升都有显示，而东侧的巴里坤山主要为中晚两期隆升。④博格达－巴里坤山链中新世以来的2期隆升很可能是青藏高原尤其是北部演化的响应。至于博格达山链中生代末期的缓慢隆升可能与西伯利亚板块的作用有关。

雅砻江锦屏水电站坝址

雅砻江锦屏水电站坝址左岸深部卸荷裂隙

博格达山韧性剪切带中黄铁矿的多期旋转构造形成的压力影

博格达山脉新生代再造山形成的逆冲推覆构造

湖北宜昌大峡口野外工作

湖北宜昌地区下三叠统及二叠系—三叠系界线附近高精度磁性地层研究：属国家自然科学基金面上项目，负责人为孙知明研究员。通过湖北宜昌地区大峡口和安徽巢湖地区平顶山早三叠世地层剖面磁性地层研究，获得了早三叠世地层剖面的磁极性序列。巢湖剖面下三叠统印度阶磁极性序列总体以反极性为主，包含 3 个明显的、较宽的正极性带和两个非常薄的正极性。奥伦尼克阶最底部处在反极性带中，位于正极性带（WP4n）以下 0.6 ~ 1.0m，结合该剖面已获得的国际通行的牙形石和菊石等生物地层为主线的生物地层研究资料，认为二叠系—三叠系界线（PTB）位于下三叠统底部正极性带的下部，印度阶 / 奥伦尼克阶的界线位于印度阶上部反极性带的顶部，巢湖剖面正极性带（WP4n）可以作为奥伦尼克阶 / 印度阶界线标志之一。以上研究成果进一步修订和完善了国际下三叠统印度阶及二叠系—三叠系界线附近的磁极性年表，为二叠系—三叠系界线以及早三叠世地层的精确划分与对比提供磁性地层证据，从而进一步提高我国下三叠统层型剖面及二叠系—三叠系界线的研究水平。

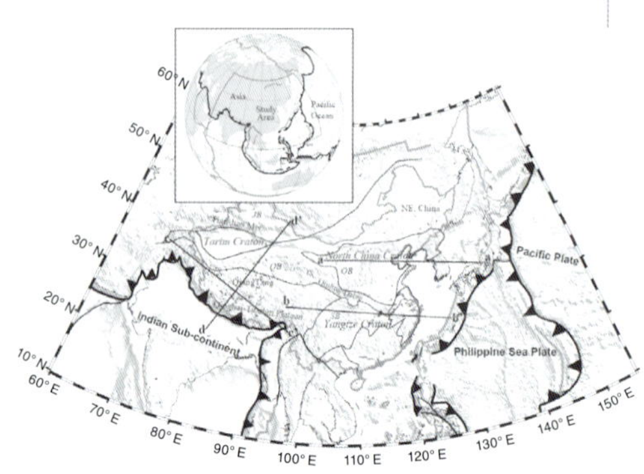

波速剖面位置

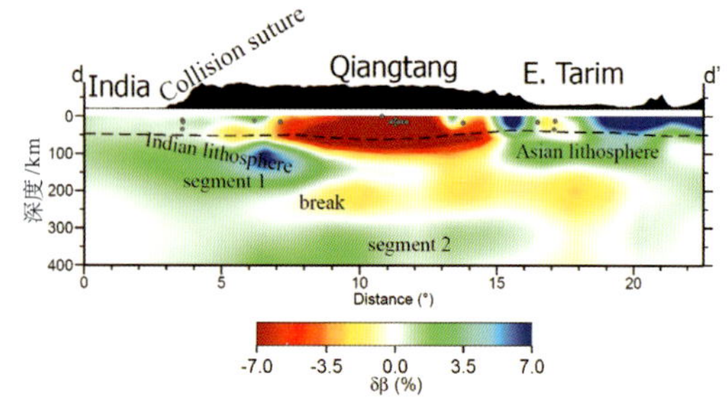

波速剖面结构解释图

面波频散、波形及接收函数的三维非线性联合层析成像研究：属国家自然科学基金青年基金项目，负责人为冯梅博士。传统的层析成像方法在岩石圈探测中一直存在一个明显的困难，即体波层析成像在岩石圈上地幔垂向精度低，而面波层析成像的横向精度低，且两者难以进行联合探测。针对此科学难题，本项目经过多年不懈努力，成功开发了一种具高精度、高扩展性，可实现面波和体波等多种地球物理观测进行联合反演的高效岩石圈三维结构探测方法。该方法得到国际同行认可，介绍该方法的科研论文已经发表在 *JGR-Solid Earth* 杂志上；利用该方法和公开地震观测数据对中国大陆岩石圈地震热学结构进行了研究，获得了中国大陆及邻区 400km 以上高精度三维横波速度结构模型以及地壳和岩石圈厚度模型。这些模型为中国大陆的构造格局和新生代以来的动力演化提供了重要的深层依据。波速模型显示高速的印度岩石圈板片在 50Ma 左右与欧亚大陆发生碰撞以后，可能在约 20Ma 左右发生了折断（左图中代表印度岩石圈板片的 segment1 和 segment2 在标识为 break 的地方断开），而青藏高原地壳急剧增厚也正好发生在大约 20Ma 以来。这些证据表明俯冲至青藏高原下方的印度岩石圈板片可能在 20Ma 左右发生了俯冲角的改变，早期的可能为大角度俯冲，而 20Ma 以来则变为近水平俯冲（碰撞）。研究成果已发表在 *Lithos* 杂志上。

西藏中部念青唐古拉山东南麓断裂带晚第四纪活动速率的冰川沉积物年代约束：属国家自然科学基金青年基金项目，负责人为吴中海副研究员。项目围绕西藏中部念青唐古拉山东南麓地区，在晚第四纪冰川作用、正断层作用过程及全新世古地震等方面获得了多项重要研究成果。详细厘定了该区的第四纪冰川序列，确定该区至少发育了 6 套冰碛物，可大致与深海氧同位素阶段（MIS）18 ~ 12，8，6，4 或 3，2 和 1 等一一对应。同时，发现老于 MIS6 阶段的冰碛物有 2 ~ 3 套，最大冰期出现在 MIS6 阶段之前，最老冰碛物可能出现在距今约 80 万~ 90 万年左右。系统恢复、估算了念青唐古拉山东南麓断裂带晚第四纪不同时间尺度的断层活动速率。结果发现，该断裂带约 15ka 以来的活动速率变化幅度较大，而之前的活动速率比较稳定，且前者（1 ~ 3mm/a）明显整体上大于后者（0.5 ~ 1mm/a），显示典型的非线性断裂活动特征。首次对亚东－谷露裂谷的全新世古地震进行了对比研究，结果表明：当雄－羊八井段在全新世至少发生过 4 次 M8.0 级左右的大地震，谷露盆地在距今约 6000 年以来发生过 M7.5 级左右的古地震事件 3 次。该区全新世古地震的时间间隔最长 5700a 左右，最短 1600a 左右。

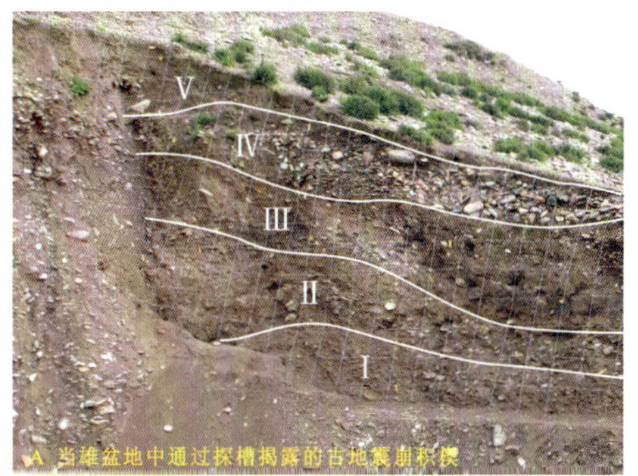

当雄盆地主边界断裂的古地震探槽揭露的多期古地震崩积楔和探槽编录过程

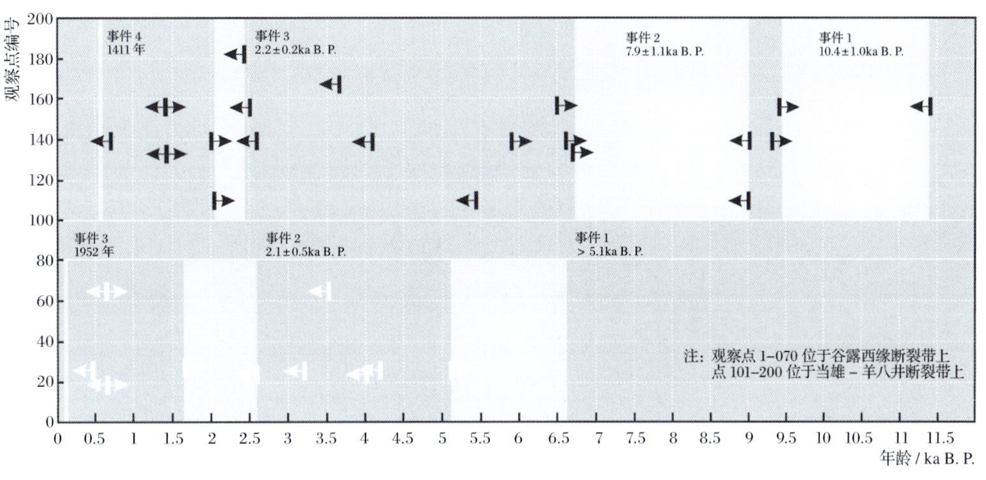

念青唐古拉山东南麓当雄段（上部）和谷露段（下部）的古地震事件逐次限定图

玲珑金矿矿区

山东省招远市玲珑金矿田成矿规律和深部外围预测： 属山东省黄金局横向合作项目，负责人为吕古贤研究员。提出“胶东金矿”产于剪压造山带，是中生代活化改造花岗绿岩带的产物，主要围岩差别表现为“玲珑－焦家式”等矿床；深化胶东“入”字型断裂蚀变岩、脆－韧性剪切带和雁列带等控矿规律，通过成矿深度的构造校正测算数据，预测深部发育第二富集带，并得到探矿工程证实。提出“构造作用力通过改变物理化学参量而影响地球化学过程”的思路，推动了构造物理化学研究。建立了矿源岩系列概念，提出以矿源岩系为指导的找矿路线，在九曲矿区和玲珑断裂带深部及大庄子金矿实测构造蚀变岩相预测靶区，已取得明显找矿效果。根据项目研究成果在矿山靶区勘查新增金金属量 33 吨，可延长矿山服务年限约 7 年。项目首次预测玲珑金矿田黄金资源总量超过 1000 吨，建议将其作为矿保工程整装勘查的示范区。

2009 年 12 月 27 日，山东省科技厅组织专家对“山东省招远市玲珑金矿田成矿规律和深部外围预测”项目成果进行了鉴定。专家认为，项目总体达到了国际先进水平，在“胶东金矿”成矿模型、构造物理化学研究等方面达到国际领先水平，是一项产学研相结合、长期坚持理论密切联系实际的优秀成果。

项目成果评审会

中国地质科学院水文地质环境地质研究所

中国地质科学院水文地质环境地质研究所（简称水环所）始建于1956年，是全国唯一专门从事水文地质、工程地质、环境地质研究的国家公益性科研机构，是全国水文地质环境地质调查和地下水资源评价的科技支撑单位和技术发展核心，是全国水文地质环境地质专业编图中心。

2009年承担地质调查工作项目11项、地质调查工作内容1项，在研国家自然基金项目4项、973项目1项所属课题2项、国家科技支撑项目课题4项、国土资源部公益性行业科研专项2项、国土资源部百人计划项目2项、国土资源大调查安排的科研项目1项、基本科研业务费项目16项、中国地质科学院重点开放实验室专项2项。获批2010年国家自然科学基金面上项目2项、青年基金1项。国家重点基础研究发展计划（973计划）项目“华北平原地下水演变机制与调控”喜获科技部立项并启动，所长石建省研究员担任项目首席科学家，总经费4500万元。

2009年，水环所获国土资源部科学技术奖一等奖1项、省部级二等奖2项，荣获首届全国地源热泵行业评选活动“2009年度系统

“973”项目启动会上为特聘专家颁发聘书

所长兼党委副书记石建省（中）、副所长张发旺（右一）、副所长张永波（左一）

地质勘察优秀企业”称号。全年科研人员发表 SCI、EI 检索论文 3 篇，各种科技期刊和学术会议上共发表论文 98 篇，其中核心期刊论文 90 篇，出版专著 4 部。

2009 年科研成果

全国地下水资源及其环境问题综合评价及专题研究： 地质调查项目，负责人为石建省研究员，主要成员包括张发旺、张翼龙、王贵玲、陈宗宇、张光辉、张永波、刘少玉等。项目阐明了我国北方平原（盆地）地下水系统的演化趋势；划分了该区地下水系统，对比了华北平原、东北平原、西北内陆盆地地下水系统间的差异性。提出了地下水功能评价方法，首次建立了北方地区地下水功能评价指标体系，并完成了北方八大平原（盆地）的功能评价与区划。系统总结了北方各平原（盆地）地下水数值模拟方法、应用状况以及模型建立条件；建成了基于大型数据库的地下水资源数据共享与动态评价平台，整合完成了北方八大平原（盆地）地下水资源与环境实体数据库，实现了动态评价服务。重新评价了我国北方各主要地下水盆地的地下水资源及其开发利用潜力，系统分析了地下水资源变化的影响因素和各主要平原（盆地）地下水开采程度的差异。

地下水动态评价平台

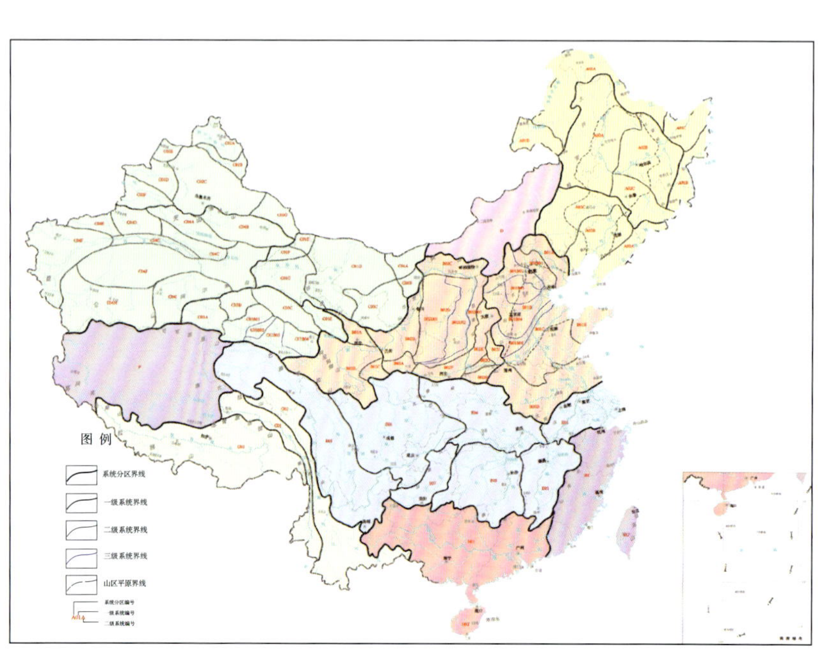

中国地下水系统划分

华北平原地下水污染调查与评价：该项目为地质调查计划项目，项目负责人为张兆吉，主要参加人员包括费宇红、钱永、李亚松、王昭、陈京生、张凤娥等。通过对地下水污染的调查、采样和测试技术的详尽研究，研制了采样设备，建立了有机污染分析测试体系，提出了新的评价方法。通过对华北平原区14万km^2开展的1∶25万和对重点地下水污染区开展的1∶5万地下水污染调查发现：不用任何处理直接可以饮用的地下水（Ⅰ—Ⅲ类）占36.49%，经适当处理可以饮用的地下水（Ⅳ类）占24.25%，有39.26%的地下水（Ⅴ类）需经专门处理后才可利用。华北平原地下水污染的特点：①污染检出指标多、超标少；②多为点状污染，分布广，多集中在城市周边和重化工开发区及影响带范围内；③以浅层地下水污染为主。项目成果入选中国地质学会2009年度十大科技进展。

野外现场测试水样

全国主要城市环境地质调查评价项目：属于地质大调查项目，负责人为刘长礼研究员，参加人员有侯宏冰、张礼中、张云等。项目完成了浙江、云南、四川、甘肃等15省区196个地级以上城市环境地质调查评价，建立了188个城市地质环境数据库，为177个城市的规划、建设、管理及汶川灾区灾后重建提供了地质依据。项目组查明152个城市地质灾害特征与发展趋势，为78个城市地质灾害防治、49个城市地下水保护与污染治理、13个城市地下热水开发利用、17个城市建筑地基适宜性利用提出了合理的对策建议，为75个城市论证了后备地下水资源208处，为17个城市未来垃圾的填埋处置初选了26个场地，编制了中国主要城市环境地质图集、各类图件共2168张。

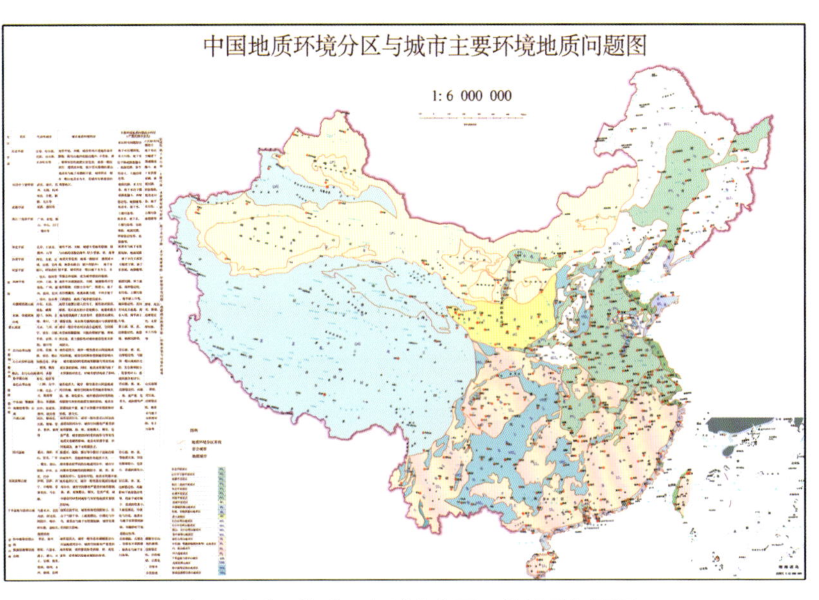

中国地质环境分区与城市主要环境地质问题图

项目成果

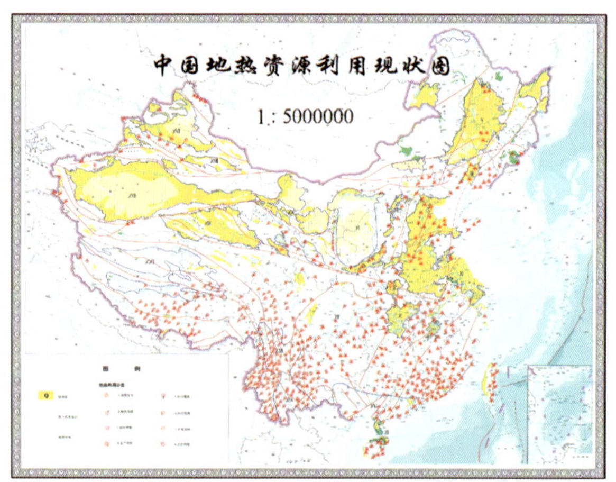

中国地热资源利用现状图

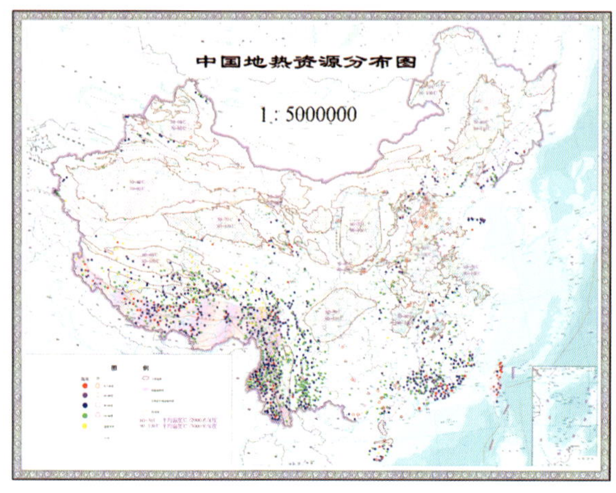

中国地热资源分布图

珠江三角洲地区地下水污染调查评价: 地质调查项目，负责人孙继朝研究员，主要成员有荆继红、黄冠星、刘景涛、陈玺、张玉玺、王金翠、向小平等。项目探索了地下水污染调查评价工作流程、技术方法、编图内容，完成了地下水污染防治区划，编制了具有创新性的地下水污染防治系列图件。自主研发了定深取样设备并获得国家专利，创新性地提出了“层次阶梯”地下水污染评价方法，为该地区地下水污染防治和地下水资源保护提供了科学依据和应用平台，也为我国其他类似地区开展地下水污染调查提供了经验和示范。计划项目和专题研究成果均被评审为优秀，这是我国首次完成的区域性地下水污染调查评价成果。

全国地热资源现状评价与区划: 地质调查项目，负责人为王贵玲研究员，成员包括蔺文静、陈德华、刘志明、陈浩、张薇、杨会峰等。项目收集汇总了全国31个省（市、自治区）的地热井、温泉开发利用资料，修编了“中国地热资源利用现状图”、“中国地热资源分布图”等图件，编制了《浅层地热能勘查开发技术规程》，完成了《全国地热资源现状评价及区划技术要求》及《全国地热资源现状评价与区划编图技术要求》的编制工作。开展了地热资源评价方法研究，提出了我国山区对流型和沉积盆地型地热可开采资源量计算方法，提出在全国进一步开展地热资源勘查评价的建议及工作部署。

河套平原地下水资源及其环境问题调查评价：地质调查项目，项目负责人为石建省研究员和张翼龙教授级高工，主要成员包括刘海坤、赵华、杨会峰、叶浩、陈宗宇、张永波等。2009 年开展了河套平原 1∶10 万第四纪地质和水文地质调查、水文地质物探和钻探、测试分析、遥感解译等工作，对调查区内的土地利用、盐渍化、沙漠化及与地质环境相关的地方病状况有了较详细的了解；建立了野外包气带水盐运移试验场；对河套平原已建立地下水模型中存在的问题进行了总结，并提出建模思路，初步建立起区域水资源优化配置模型。同时，还建立了河套平原区地下水同位素剖面和社会经济数据库系统，为开展地下水循环演化研究奠定了基础。

在内蒙古毕克齐镇利用 RAS-24 浅震仪探测水文地质结构

黄河流域基岩区侵蚀成因及预测预报：科技部科研院所社会公益项目，负责人为石建省研究员和叶浩研究员。主要完成人员包括程彦培、侯宏冰、石迎春、郭娇、吴利杰、王强恒等。主要研究内容是砒砂岩的侵蚀机理。项目经过 3 年研究表明，粉红色的砒砂岩抗侵蚀性相对最强，灰白-紫红色交错互层的砒砂岩抗侵蚀性相对最弱；利用“3S”技术，对砒砂岩沟边线的蚀退进行了预测。预测结果表明，砒砂岩的侵蚀不但与岩石的地层组合有关，而且与地表覆盖物的厚度和松散程度有关；提出在现有水土保持工程的基础上，应针对地表不同类型的覆盖沙进行重点治理，以减轻该地区岩土侵蚀的强度。

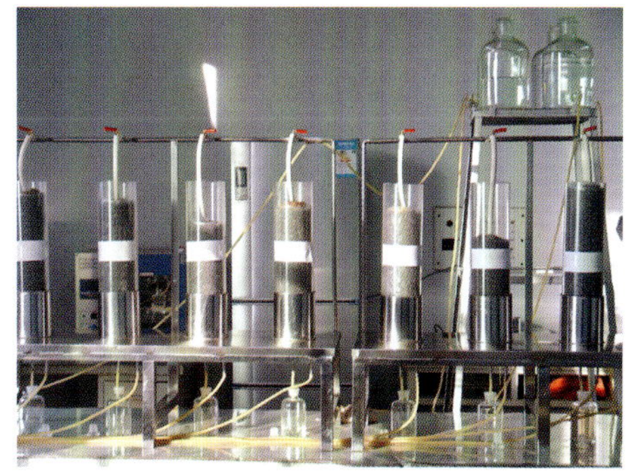

水岩作用模拟试验装置

污灌区厚层包气带沉积物微生物 DNA 提取纯化结果

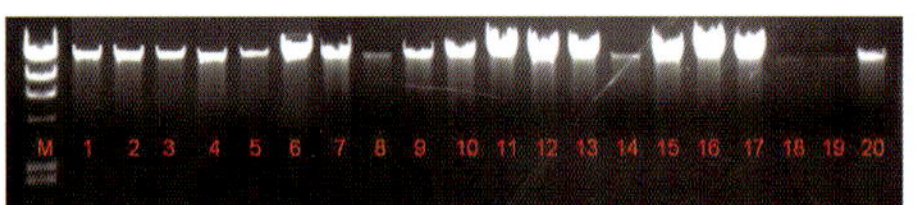

污灌区地下水微生物 DNA 提取纯化结果

项目组进行水位测量

石油污染土壤原位修复试验

污灌区水土污染自然衰减调查评价：该项目为地质调查项目，负责人为张翠云研究员，项目组主要成员包括何泽、张胜、殷密英、李正红、马琳娜等。经过多年的努力，成功建立了微生物分子生物学检测高新技术。该技术由微生物 DNA 提取纯化、扩增、DGGE 分析和测序等多个环节组成。目前利用该技术完成了 28m 深包气带土样和地下水样 DNA 提取纯化、扩增、DGGE 分析和测序，取得了国内首批厚层包气带和地下水样微生物 DNA 数据，为污染物在包气带和地下水中的自然衰减评价提供了依据。

典型地区 1∶5 万水文地质调查示范：地质调查项目，负责人为王贵玲研究员，主要成员包括杨会峰、陈德华、陈浩、张薇、范琦、刘志明、蔺文静、梁继运等。开展了水文地质调查、水文地质物探、水文地质钻探、水文地质试验（抽水试验和渗水试验）、水化学样品采集、同位素样品采集，工程测量等工作。查明了水动力场、水化学场的空间分布特征，对水文地质参数进行了精细刻画。详细研究了 1∶5 万水文地质调查技术方法体系，对各种图件的表达内容和编制方法进行进一步地总结和优化，制定了 1∶5 万水文地质调查的编图技术要求。

鄂尔多斯能源基地能源开发与地质环境互馈效应调控研究：水环所与德国蒂宾根大学应用地质中心、美国马萨诸塞大学合作开展的项目，中方负责人是张发旺研究员，中方主要参加人员有陈立、张胜、赵红梅、侯新伟等。项目组历经 3 年多研究，开创性地提出了利用采煤塌陷区深厚包气带作为接纳储蓄大气降水的关键技术；首次提出黄土地区石油污染土壤原位微生物修复技术，为一定规模原位修复石油污染土壤起到了示范作用；利用德方提供的鲁尔矿区环境整治规划和产业结构调整的经验，优化了大柳塔矿区和铜川矿区的地质环境整治规划方案。

中国地质科学院地球物理地球化学勘查研究所

中国地质科学院地球物理地球化学勘查研究所（简称物化探所）作为国家现代地质勘查工程技术研究中心的依托单位，担负着我国地学领域中勘查地球物理（物探）与勘查地球化学（化探）两大学科的研究开发及推动相关技术进步的任务，形成了拥有电磁场精细勘查、弹性波场勘查、位场勘查、地下物探、航空物探、物探数据处理、应用地球化学、地球化学填图、生态环境地球化学、深穿透地球化学、地球化学分析测试技术、地球化学标准物质研制、油气物化探理论与方法、矿产资源勘查研究等物化探技术方法的国家级科研技术创新基地。

2009 年承担各类科研地调项目 99 项，年度经费共计 9774 万元。其中：国家科技及专项项目（课题）27 项，经费 2794 万元；地质调查项目 38 项，经费 3704 万元；省级财政专项 5 项，经费 2826 万元；所长基金 29 项，经费 450 万。

所长兼党委书记韩子夜（中）、副所长徐刚峰（右二）、副所长胡平（左二）、副所长徐龙强（右一）、副所长史长义（左一）

2009 年重要科技进展及科研成果

航空电法测量技术应用及新技术研发均取得重要进展：“863”重大计划课题“时间域航空电磁勘查系统研制”成功实现了磁矩达到 50 万 A · m^2 的航空地球物理勘查发射机研制，高灵敏度宽带三分量感应线圈传感器、实时宽带高精度数据采集收录等关键技术的研究和试验取得了实质性的阶段成果。以国产 Y12IV 型飞机作为时间域固定翼航空电磁系统的运载平台的飞机改装方案通过风洞试验。

采用频率域航电仪与航磁、航空放射性测量仪集成的航空物探综合站首次完成了省部合作项目“内蒙古二连浩特 — 东乌旗地区 1∶5 万航空物探综合站勘查”项目，实现了 24 万 km^2 大面积、区域性地球物理测量，查明了测区电磁场、磁场和放射性地球物理场的基本特征。研究了区内主要地质体、地质现象的电磁识别技术，进行了航空视电阻率岩性构造填图，为该区进一步普查提供了可靠的基础地质资料。圈定了有明确找矿意义的 179 处基岩导体异常，重点解剖 6 处，取得了良好的找矿成果。

由 3 架 Y12II 型飞机组成的机队，搭载着物化探所航空物探室研制的 HDY-402 型三频航空物探（电磁放）综合站，在石家庄中核集团标准源上进行航空伽玛能谱仪静态及动态标定。

实现了瞬变电磁测量结果的动态可视化三维解释：在“863”计划探索导向类课题“复杂地电条件下瞬变电磁三维异常特征反演”项目的支持下，完成了复杂地电条件下瞬变电磁三维有限差分法正演数值模拟，解决了正演三维模型可视化输入输出、计算速度慢、边界效应影响大等关键技术；实现了瞬变电磁场与三维地质体相互作用的动态可视化，研制了动态可视化地下三维瞬变电磁场程序模块，为形象地描述地下瞬变电磁场不同衰减时间的空间分布形态，研究瞬变电磁法的机理及扩散过程，理解瞬变电磁法的基本原理提供了强有力的图示工具；实现了定源回线瞬变电磁三维异常特征反演，为瞬变电磁实测数据的三维处理和解释最终走向实用化提供了一套新的方法技术。

物化探技术在冻土区天然气水合物勘查中初见成效：青海木里地区物化探勘查实验研究表明，应用物化探综合技术可以圈定天然气水合物赋存的有利区带（块）。化探异常可以指示水合物物质来源，圈定天然气水合物分布范围，物探方法可以进一步圈定水合物有利赋存的有利构造部位。实验结果还表明，木里地区水合物除煤型气来源外，还有原油伴生气来源，因此木里地区既要关注天然气水合物，也要关注油气资源，应进行综合能源调查与评价。

青海木里工作照

"矿产可控源音频大地电磁法技术规程"完成了CSAMT法技术规程的起草：在广泛征求国内相关单位和专家意见，广泛收集研究地矿、石油、煤炭等行业现有相关规范的基础上，吸收了CSAMT法国内外最新发展与实用性成果，结合我国实际情况而确定了CSAMT法的作业流程、各项技术指标和质量检查与评价标准及相关附录。该规程内容齐全、层次清晰、格式规范、编制基础扎实、依据充分；各项指标合理、要求具体，具有较强的实用性和可操作性，对规范电性CSAMT法的地质勘查工作具有重要意义。

实施中蒙边界填图项目野外工作照

在中蒙跨界区域圈出大型矿靶区32处："中蒙边界地区地球化学块体编图"项目制订了针对中蒙边界荒漠戈壁区和草原区的1∶100万地球化学填图技术标准，为双方开展联合地球化学编图和对比研究奠定了基础。完成中蒙接壤地区31万km^2的1∶100万69种元素地球化学填图，结合1∶20万区域化探数据编制了中蒙边界100万平方公里1∶100万和1∶20万地球化学图，建立了大型矿地球化学预测标志。预测银多金属大型矿靶区31处，斑岩型铜金矿靶区1处；首次制作出世界最大的白云鄂博稀土矿地球化学图，并新发现大规模稀土元素异常2处。

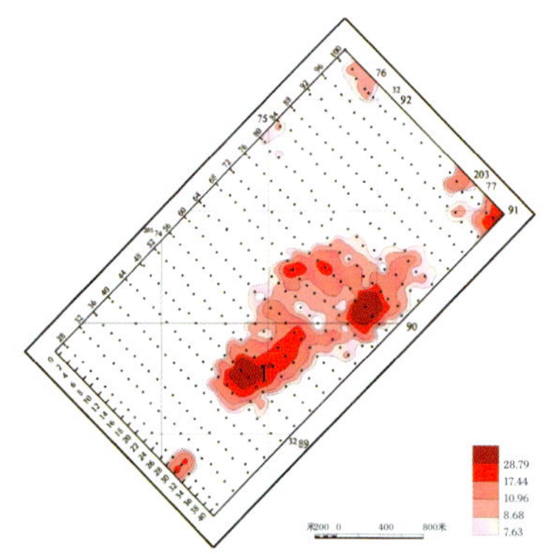
富集元素 CuPbInAuAgAsSbBi 综合异常图

"隐伏斑岩型块状硫化物型铜多金属矿床地球化学环境异常结构和定位预测方法研究"项目成果：为在我国东部地质工作程度较高的地区开展地球化学勘查提供了方法技术，拓展了地球化学勘查方法技术研究的思路。对九－瑞成矿带斑岩型块状硫化物型Cu多金属矿的成矿远景进行了预测，在成矿远景区内优选出了找矿靶区。筛选出用于斑岩型块状硫化物型Cu多金属矿勘查的地球化学新指标，包括分散元素、稀土元素、常量化学组分等。兼顾矿化过程中

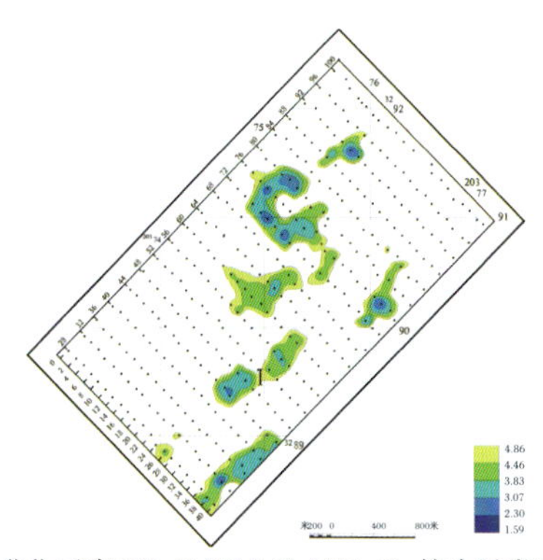
贫化元素 BBaCsLiMnCoNiFe_2O_3 综合异常图

钻天山示范区靶区优选结果示意图

富集和贫化作用两类元素地球化学信息的需要，建议土壤测量样品加工采用水筛方式，粒级确定为 -20 ~ +150 目。总结归纳出斑岩型块状硫化物型 Cu 多金属矿矿致异常结构规律。在钻天山示范区Ⅰ号异常地段同时出现富集和贫化两类元素异常，是有进一步工作意义的找矿靶区。以成矿地球化学环境及异常结构规律为基础，提出了隐伏斑岩型块状硫化物型 Cu 多金属矿预测定位方法技术。

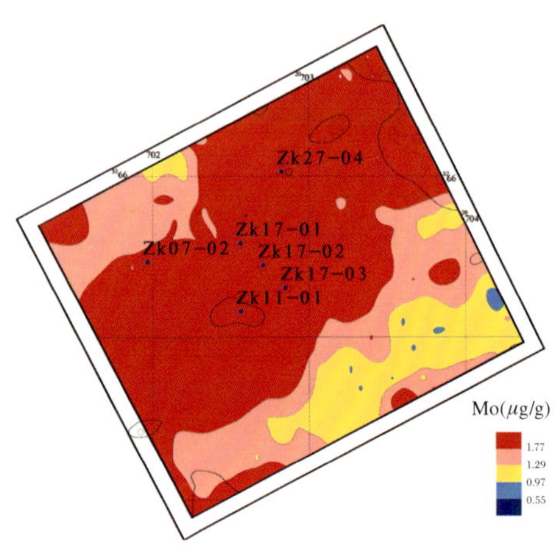

罕达盖林场工区 Mo 异常

“内蒙古自治区白乃庙巴彦呼舒高石山等地区铜铅锌多金属矿物化探新方法查证”成果：通过 1∶25000 地质调查，了解了白乃庙、高吉高尔－海力敏、罕达盖林场工区地层、岩浆岩、构造、矿产分布特征，为物化探异常解释提供了依据。通过 1∶25000 相位激电测量、岩屑测量，总结了工作区地球物理、地球化学特征，圈定视相位异常 19 处、化探多元素组合异常 10 处。优选重点物化探综合异常进行了 1∶10000 地质简测、相位激电测量、岩屑测量，进一步了解了异常特征和地质成矿条件。提出找矿靶区 5 处（罕达盖林场工区 3 处、高吉高尔工区 2 处）。其中罕达盖林场工区东北部以 Mo 为主的多金属异常，有的样品 Mo 含量已达边界品位，钻探结果证实该异常是斑岩型钼多金属矿的显示。根据罕达盖林场工区 ZK0002 钻孔原生晕测量结果，对多种元素之间的相关关系进行了分析，指出除 Fe、Cu 外，该区 Mo 也是一种重要的成矿元素。提出了适用于半干旱草原区铜铅锌多金属矿勘查及定位预测的综合物化探方法技术组合。

“矿产勘查中地球化学异常评价新指标及其应用研究”入选中国地质学会 2009 年十大地质科技进展：同位素、硫（碲）、稀土元素等指标为地球化学异常评价提供了更加系统全面的信息。发生贫化的元素与发生富集的元素在地球化学勘查中具有同等重要的作用，综合利用元素的富集和贫化规律构建异常结构模型，是实现地球化学异常评价指标定量化的基础。这项研究成果不仅为大兴安岭中北段异常成矿前景评价提供了切实可行的方法技术，更重要的是丰富了地球化学勘查指标和方法技术应用的基础理论，对促进学科领域的进步和发展将产生深远的影响，为地球化学异常评价方法技术研究指明了方向。

多目标区域地球化学调查系列标准物质研制成果：多目标区域地球化学调查系列标准物质包括15个水系沉积物、12个土壤、10个生物样品，共计37种。这些标准物质从我国地质调查的需求出发，研制了为广大地质分析实验室广泛接受的水系沉积物标准物质GSD1-8，补充了中国西部干旱荒漠区，中国东北森林沼泽区、滩涂等不同景观、不同性质的水系沉积物和土壤样品，基本涵盖了中国主要景观区和主要土壤类型。研制的10个生物样品使物化探所的生物标准物质数量达到35种，涵盖了中国主要大宗农产品与主要生物类型。水系沉积物与土壤样品定值元素达72种，生物样品定值元素达59种，定值元素多、定值精度高，能满足矿产勘查、地球化学调查与评价、动植物检疫、农业与环境调查等领域的需求。

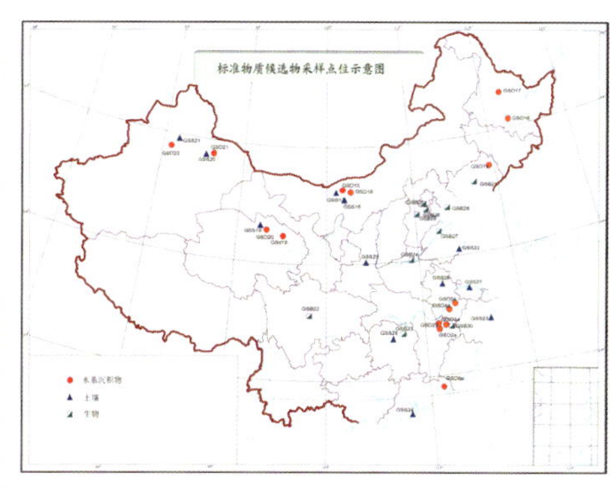

标准物质候选物采样点位示意图

"覆盖区深穿透地球化学方法技术完善与标准建立"成果：提出细粒级样品是在干旱荒漠戈壁覆盖区进行深穿透地球化学调查的有效采样介质。初步建立了荒漠戈壁覆盖区准平原化过程中元素的分散模型，了解了深部含矿信息在地表的富集层位、富集粒度和赋存状态，发现深部含矿信息富集在垂直剖面顶部的弱胶结层细粒级粘土和铁锰氧化物膜中，剖面底部靠近矿体的风化层。研制了针对荒漠戈壁覆盖区4个金属活动态分析的内部标准样，初步给出了50余种元素的全量、一步提取和四步提取的内部参考值。在干旱荒漠戈壁区进行了浅钻取样试验研究，初步提出了浅覆盖区浅钻化探取样的可行性。编写了《干旱荒漠戈壁覆盖区穿透性地球化学技术操作规范（草案）》。在黄土覆盖区、冲积物覆盖区进行了地气捕集剂实验的空白控制、不同类型和不同浓度捕集剂的地气实验以及地气元素组分特征方面的研究，发现地气中成矿元素Cu、Pb、Zn、Ni等元素含量最高，地气方法最适合用于覆盖区寻找多金属矿床。

干旱荒漠区野外采样工作照

干旱荒漠戈壁覆盖区浅钻地球化学取样工作照

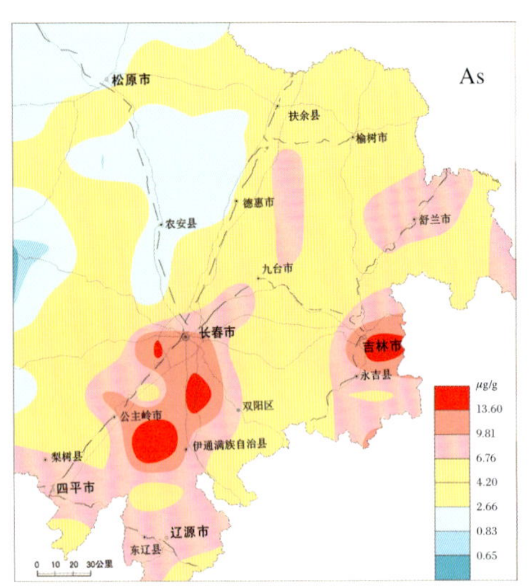

研究区大气干湿沉降物中 As 含量分布图

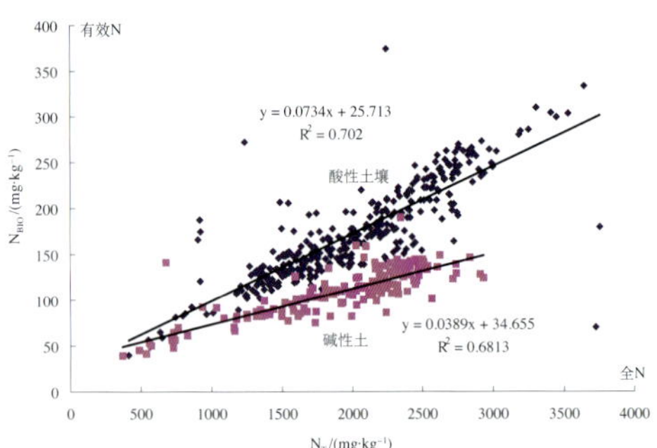

研究区土壤中有效氮与全氮含量关系图

“吉林省农田生态系统区域地球化学评价”项目研究成果简介：“吉林省农田生态系统区域地球化学评价”系吉林省人民政府与国土资源部中国地质调查局合作实施的“吉林省农业地质调查——吉林省区域生态地球化学评价”项目的子项目。经过4年工作，全面完成了各项研究任务，获得了以下主要成果：对吉林省农田区有毒有害与有益营养元素的自然来源与人为来源进行了追踪，建立起元素生物有效量与影响因素间的定量关系模型；通过定量关系模型，利用多目标区域地球化学调查数据对研究区表层土壤环境质量进行了整体评价。吉林省农田区有毒有害与有益营养元素的生态效应研究结果显示：研究区生产的玉米、水稻等大宗农产品全部是安全食品，且多为绿色食品。但蔬菜中重金属元素含量超标现象普遍。农作物中重金属来源甄别研究结果显示：农作物中有相当一部分重金属并不是来自于土壤，而可能主要是来自大气。吉林省农田生态系统安全性预测结果显示：研究区目前整体环境质量良好，但研究区中东部土壤酸化严重，有32%面积的土壤已基本丧失酸缓冲能力，有34%面积的土壤酸缓冲能力已较弱，迫切需要防止土壤酸化加剧。

中国区域土壤地球化学评价标准研究：“中国区域土壤地球化学评价标准研究”是“中国农业生态地球化学评价标准体系研究与成果集成”项目的工作内容之一。本项目查清了以山西、江苏、湖南/浙江、黑龙江/吉林为代表的4个研究区内17项元素指标的累积程度和累积途径，并针对元素的存在形态特点确定了用于多种元素活性组分研究的提取剂AB-DTPA。通过对根系土元素含量与农作物籽实中元素含量间相关性的研究，确定了当农作物中出现元素含量超过食品卫生标准时，土壤中元素全量和有效量的临界值，构建了各研究区土壤元素生态效应评价的定量标准体系及安全和预警指标，为其他景观区生态地球化学评价标准体系的研制提供了可借鉴的案例。

珠江水系生态地球化学评价成果：项目通过珠江水系北江、东江、流溪河、潭江及西江（广东省境内河段）干流及其重要支流河水悬浮物，河水、底泥、沉积柱、流域内主要地层岩体等样品地系统采集与分析，查明了元素在底泥–悬浮物–河水中的分布与分配特征，以及丰水期、枯水期的季节性变化规律；区域地球化学元素分布、元素组合、稀土配分等特征显示，水系中重金属等元素含量与汇水域地球化学背景、矿床分布及矿产开发等人类活动污染有关；沉积柱、重矿物组合、铅同位素组成特征显示，河流中重金属等元素主要为自然成因，但已叠加有人为污染；结合径流量资料，计算了珠江水系主要河流每年输送进入珠江三角洲平原区的元素通量，以及珠江水系输送入海中的元素通量。该项成果为珠江三角洲平原区土壤中重金属异常元素的成因来源研究、珠江口近岸浅海生态地球化学评价提供了基础资料。

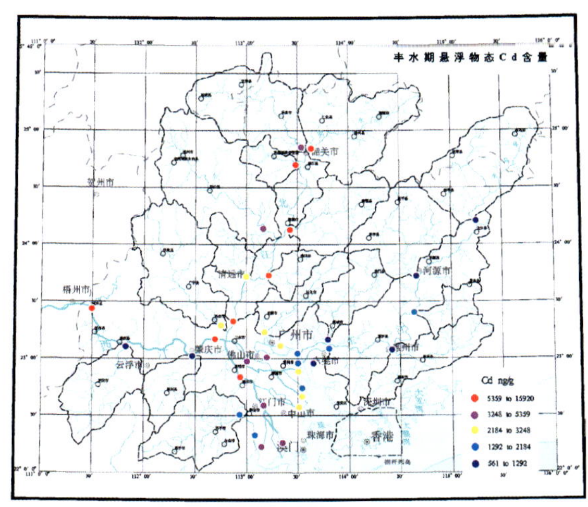

珠江水系丰水期悬浮物态 Cd 浓度分布

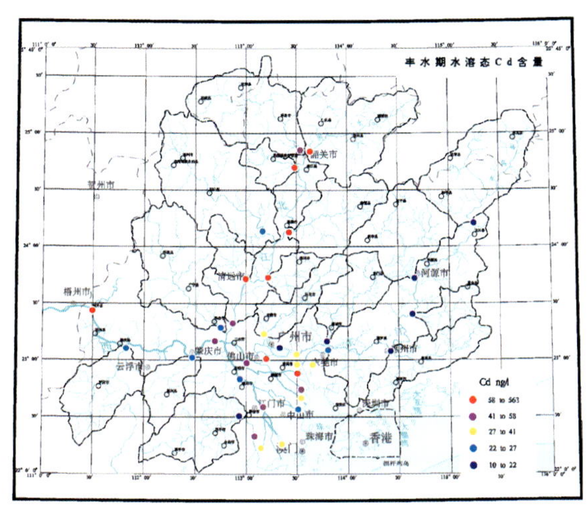

珠江水系丰水期水溶态 Cd 浓度分布

中国地质科学院岩溶地质研究所

中国地质科学院岩溶地质研究所主要承担岩溶地质的基础研究、区域调查评价、开发应用和科学实验工作，形成了岩溶动力学与全球变化、岩溶资源评价与开发利用、岩溶生态系统与石漠化治理、岩溶地质灾害防治与环境保护、岩溶景观旅游资源评价、岩溶探测与测试等优势研究领域，设置有岩溶动力学重点实验室、岩溶资源与环境调查研究院、岩溶生态与石漠化治理研究中心、岩溶地质灾害研究中心、岩溶景观与洞穴研究中心、环境地球化学研究测试中心等二级科研机构。岩溶动力学重点实验室为国土资源部、广西壮族自治区重点实验室，岩溶生态系统与石漠化治理重点实验室为中国地质科学院重点实验室。

2009 年，全所在研项目 115 项，其中，纵向科研项目 40 项、地质调查项目 5 项、社会服务项目 43 项、基本科研业务费项目 27 项，预算总经费 7193 万元。发表论文 79 篇，其中 SCI 检索期刊 2 篇，核心期刊 42 篇、出版专著 2 部。

所长兼党委书记姜玉池（左二），副所长、党委副书记兼纪委书记刘雯（右二），
副所长黄庆达（左一），副所长蒋忠诚（右一）

2009 年度重要科技成果

岩溶动力系统中土壤有机碳的动态及碳汇机制研究： 地质调查工作项目“岩溶动力系统与碳循环”。项目通过对岩溶区与非岩溶区典型土壤剖面的调查，揭示了岩溶区土壤的富钙偏碱性。岩溶区土壤的 pH 值和有机碳空间分布受到岩性、土地利用方式影响，石灰土的有机碳是地带性红壤的 1.96 倍。动态监测的结果显示岩溶区土壤溶解有机碳仅为非岩溶区红壤的 1/6，而土壤呼吸排放量低于非岩溶区红壤。通过土壤有机碳矿化培养试验，利用三库一级动力学方程拟合出岩溶区土壤活性、缓效、惰性碳库的库容大小及周转周期。

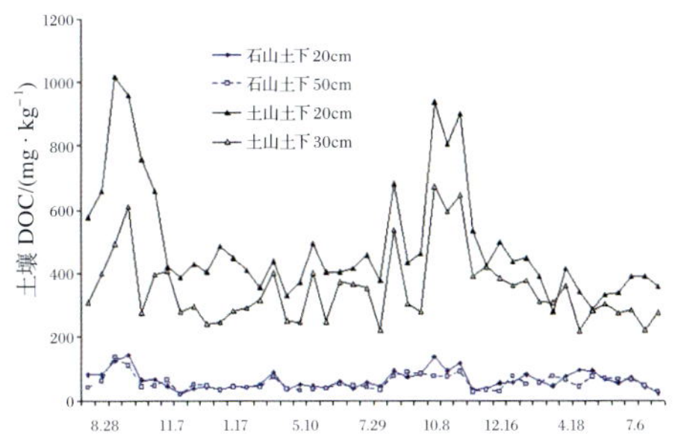

桂林毛村土壤水溶性有机碳 DOC 随时间的变化，及石灰土与红壤的对比

中国西南 50 万年来石笋记录的气候事件与全球变化的响应： 属国家自然科学基金项目。项目对洞穴石笋进行精确 U-230Th 定年及高分辨的碳、氧同位素分析，初步建立中国西南 35 万年及 2 万年以来石笋记录的标准时标序列，揭示了一系列轨道尺度、短时间尺度的季风气候突变事件。利用贵州荔波董哥洞 D10、D8、D6-2 及 D3、D4 的 ICP – MS – 230Th 测年数据及氧同位素记录集成了一个完整的 24 万年时标序列。

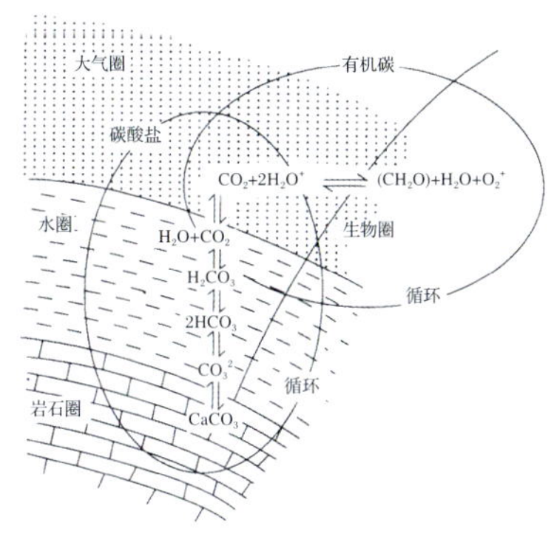

岩溶动力系统 CO_2–H_2O–$CaCO_3$ 碳循环过程及与有机碳循环的示意图

利用 D4、J1 和荔波衙门洞 Y1 石笋的 ^{230}Th 测年和碳、氧同位素数据，综合集成了 2 万年来的时标序列，不仅揭示了 H1、OldestDryas、OlderDryas、Younger Dryas 和 8200 年等突然变冷事件，而且还揭示在末次冰盛期的 17.5 ~ 19kaB.P. 间，存在的季风降雨增加事件，表明末次冰盛期为冷湿组合的气候环境。

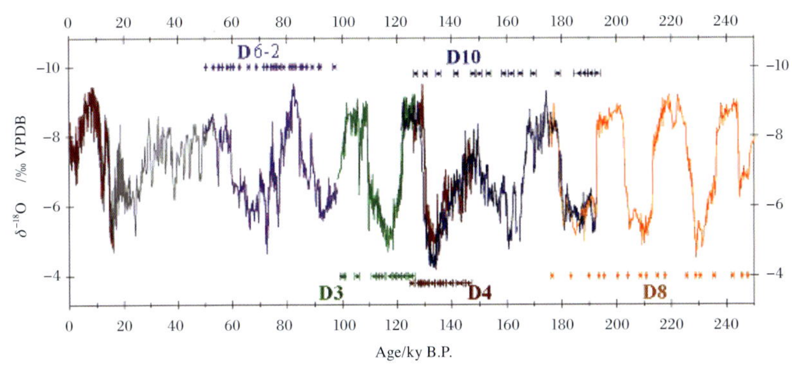

贵州荔波董哥洞 24 万年时标序列的综合集成

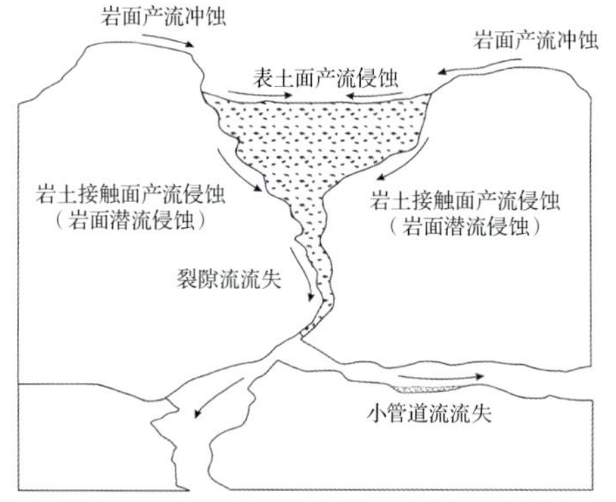

水土流失与水土保持、土地整理

岩溶区种植火龙果

耐旱树种筛选和引进树种适应性研究——忍冬

岩溶石漠化区水土资源高效利用技术研究：国家科技支撑计划、广西科技攻关课题。通过小流域水土流失监测，进一步论证了岩溶石山区坡面土壤主要由地下漏失，研究出水土保持的主要技术方法；针对不同的土地类型，研发出不同的土地整理、种植和灌溉技术，形成了2项专利技术。研究建立了典型岩溶区生态土地分类系统方案、生态土地优化配置评价指标体系和评价模型，构建了岩溶流域系统生态土地优化配置模式。建立完善了广西平果果化、马山弄拉、环江古周示范区，总面积2000多公顷。4个示范区的水土资源得到了充分合理高效利用，生态环境进一步改善，实现了生态土地优化配置，构建了岩溶区特色的土地整理和水土保持技术模式，形成了生态产业。农民收入迅速增加，石漠化得到治理，生态经济社会向良性循环方向发展。

喀斯特山地石漠化区植被恢复技术研究与示范：国家科技支撑计划课题。针对重庆地区岩溶山地森林植被退化、石漠化加剧和旱灾严重等生态问题，开展岩溶山地退化生态系统综合治理的关键技术研究，建立适合岩溶山地生态产业发展的模式，提出生态环境恢复与重建的对策，进行试验示范。生态重建试验一年之后证实，华南忍冬能够增加土地覆盖程度，改善水热变化条件。

中国北方岩溶区地下水环境问题成因机制与保护对策研究：国土资源部公益性行业科研专项经费项目。全面总结、归纳了我国北方岩溶泉域地下水环境问题及特征；选择典型泉域进行深入研究，

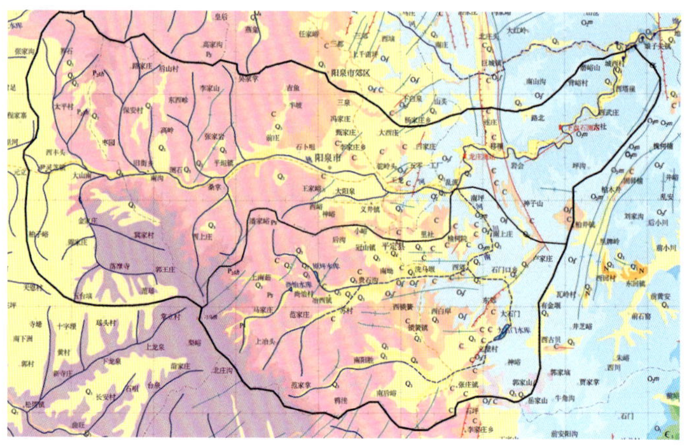

娘子关泉域桃河流域图

揭示了北方岩溶泉域水文地质环境问题成因及其演化驱动机制；提出岩溶水保护区划分方案和保护措施。初步划分边界明确的岩溶地下水系统（子系统）116个，对其系统边界水文地质性质进行了界定。根据岩溶水系统地质结构与循环条件，将岩溶水系统划分为单斜顺置式、单斜逆置式、平行置式、盆地型、其他式5种主要北方岩溶水系统模式，对其系统结构、资源要素及转化关系、岩溶水文地质环境问题的差异性进行了归纳总结。针对不同的环境地质问题对3个典型泉域（娘子关泉域、河南九里山泉域、山东枣庄十里河泉域）开展了专题研究。

碳酸盐岩缝洞系统模式及成因研究：“973”计划项目第一课题。通过典型岩溶露头区与井下缝洞系统的精细描述和对比研究，建立了古岩溶地貌成因的组合识别方法，掌握了塔里木盆地油气藏奥陶系不同地貌单元古岩溶缝洞系统的发育特征，划分了岩溶台地、岩溶缓坡、岩溶陡坡和岩溶山间盆地4种二级地貌类型。对塔河油田试验区碳酸盐岩缝洞系统进行了地质识别，建立了塔河油田4种地貌单元古岩溶垂向结构模式；分析了塔河油田试验区不同古岩溶地貌单元油气富集特征，建立了六大类10种古岩溶缝洞系统发育模式，建立了古岩溶地球物理识别方法，掌握了塔里木盆地油气田奥陶系古岩溶缝洞系统地球物理响应特征。开展了塔河油田试验区构造应力场模拟，从构造裂缝形成的动力机制出发，运用脆性岩石破裂准则，预测研究区构造裂缝的发育状况，为建立塔河油田试验区裂缝预测模型提供了理论支持。

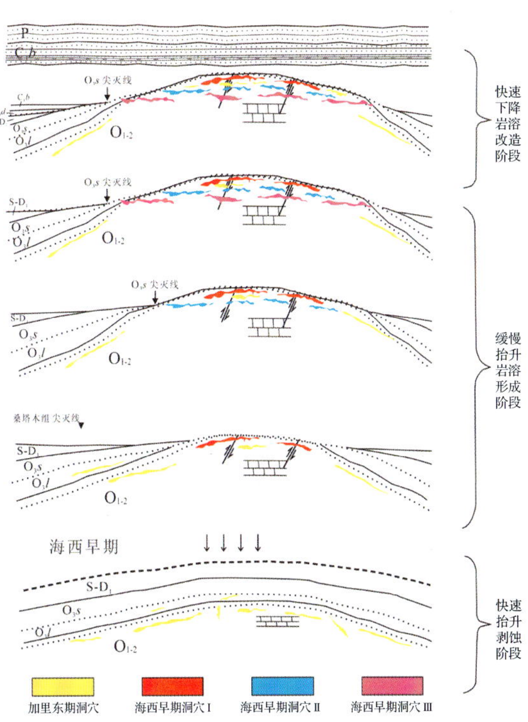

多期次、多旋回裸露风化古岩溶演化模式

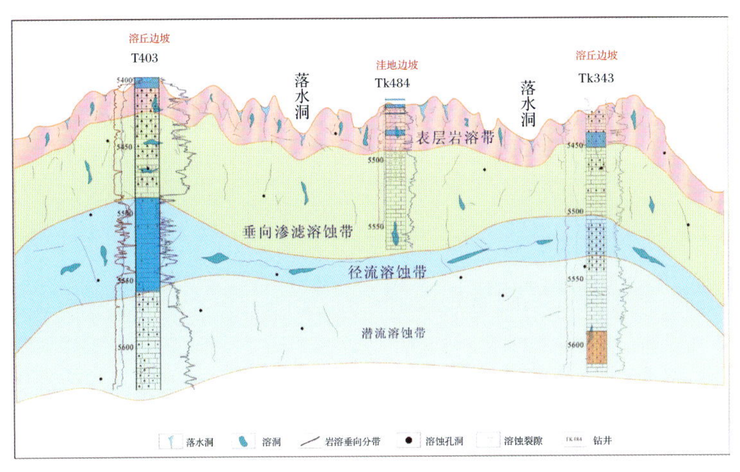

丘峰洼地类型古岩溶垂向结构模式

贵广铁路雄村—贺州段岩溶地质与线路比选咨询研究：结合铁路工程的特点和需要，深入分析了研究区基础地质条件、岩溶发育特点、岩溶层组及含水岩组划分、岩溶塌陷机理、潜在危险性分区、列车动荷载作用下诱发岩溶地面塌陷效应、岩溶地球物理勘探的有效性、三大线路方案岩溶地质特征、线路岩溶地质条件比选原则和评判方法、最终的线路方案比选综合评判等重点问题。将地理信息系统技术运用到铁路工程地质病害调查所获得的多源空间数据的处理和危险性综合评价中，实现了数据管理的可视化、自动化，提高了评价结果的科学性和可靠性，取得了较好效果。

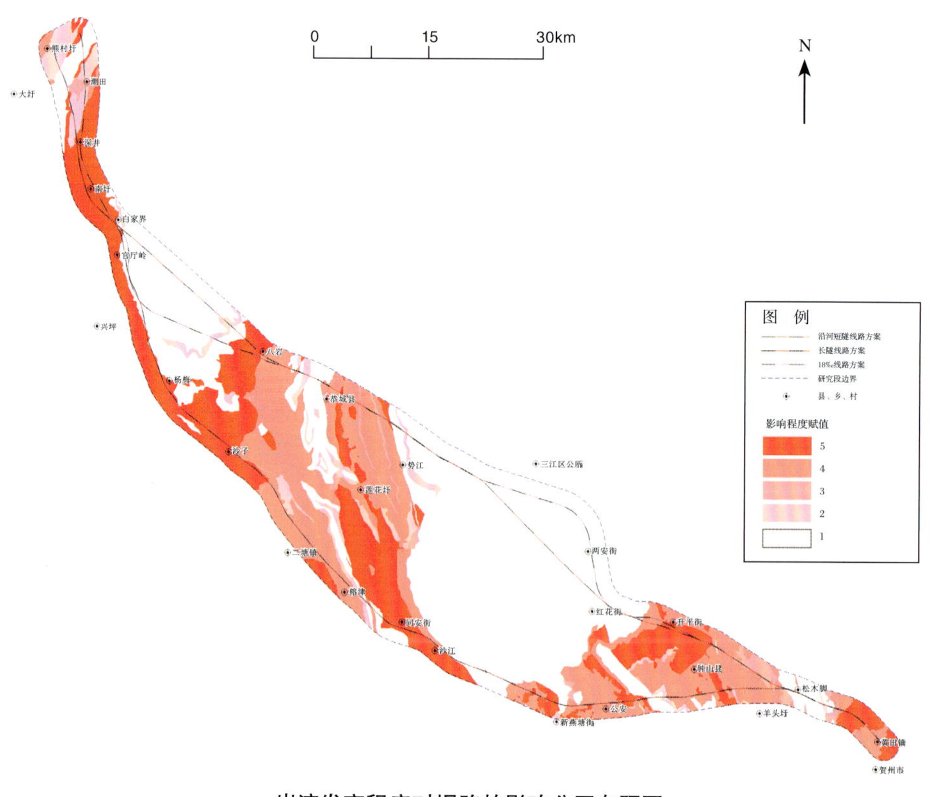

岩溶发育程度对塌陷的影响分区专题图

洞穴环境远程监测及承载力定量评价：开展了我国不同气候地貌区代表性洞穴调查与空气环境自动监测工作。在广西桂林芦笛岩、广西河池水晶宫、海南儋州石花水洞、重庆武隆芙蓉洞、河北兴隆陶家台溶洞建立了洞穴空气环境远程自动监测系统，对洞穴空气环境的温度、湿度、CO_2、O_2 等因子进行高频度远程自动监测，掌握了洞穴空气环境的变化规律，探索了旅游洞穴环境因子变化对洞穴沉积物景观的影响，建立了洞穴环境承载力评价指标体系，定量评价了洞穴环境承载力，为制定洞穴开发保护政策措施提供了技术支撑。

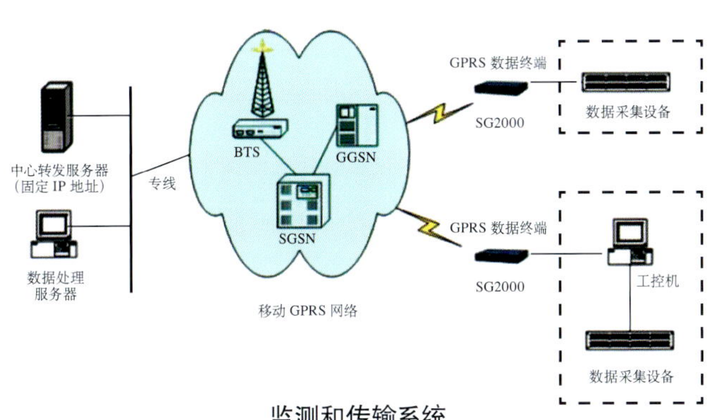

监测和传输系统

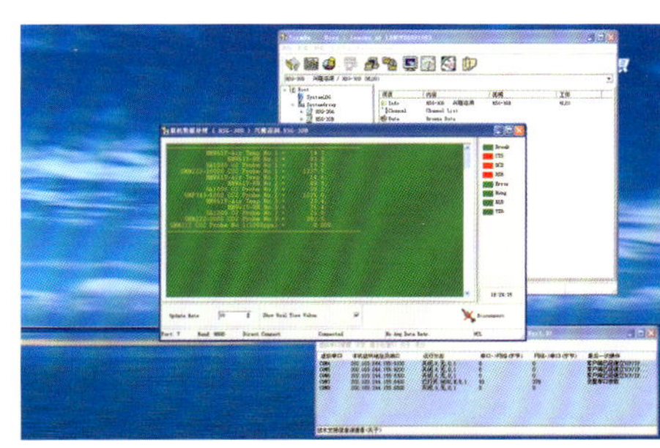

实时监测与显示

西南岩溶石山地下水及环境地质调查：地质大调查计划项目。从1999年起，组织西南8省（区、市）地调院以及航遥中心、水环中心、中国地质大学等单位，联合实施“西南岩溶石山地下水及环境地质调查”计划项目。完成1∶25万水文地质编测66万km^2、1∶5万水文地质和环境地质综合调查12.32万km^2、水文地质钻探25500m、地下洞穴探测长度60km、综合地球物理探测55000物理点、建立岩溶地下水自动化监测站7处。

掌握了西南岩溶区水资源量及其开发利用潜力，为地下水开发利用提供了技术支撑；查清了岩溶石漠化的分布状况及其发展趋势，掌握了岩溶石漠化形成的主要机制，提出了不同岩溶环境地质类型石漠化治理措施，为正在开展的石漠化治理提供了依据。查清了典型流域岩溶水文地质条件和环境地质问题，制定了流域内岩溶水开发工程方案和地质环境综合整治区划，成果已被多个部门应用于调查区开发治理工作中。针对不同类型区开发条件，因地制宜，采取堵洞蓄水、暗河截流、大泉壅水、钻井、大口井、斜井等多种方式，开展了岩溶地下水开发利用与生态环境综合治理示范，解决了40多万人饮用水、30多万亩耕地的灌溉用水问题，取得了明显的社会效应与经济效益。建立了西南岩溶石山区地下水与环境地质信息系统，实现了地质调查成果的信息化。地调与科研相结合，开展了综合性的研究工作，实现了地质调查工作的科技创新。

选择不同类型岩溶地下水系统进行地下水监测，研究了水质、水量动态与岩溶动力系统的相互关系；揭示了典型地下河流域水质水量20年来的变化及与土地利用变化的关系，掌握了地下水系统、土壤和植被对岩溶自然环境和人类活动变化的敏感性，建立了环境脆弱性评价指标体系及模型。

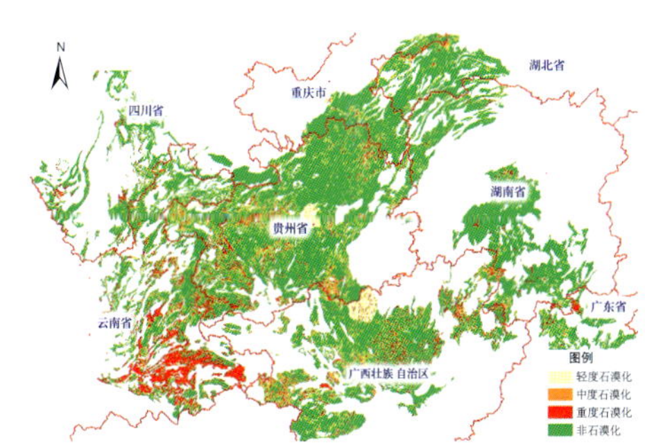

西南岩溶石漠化分布图

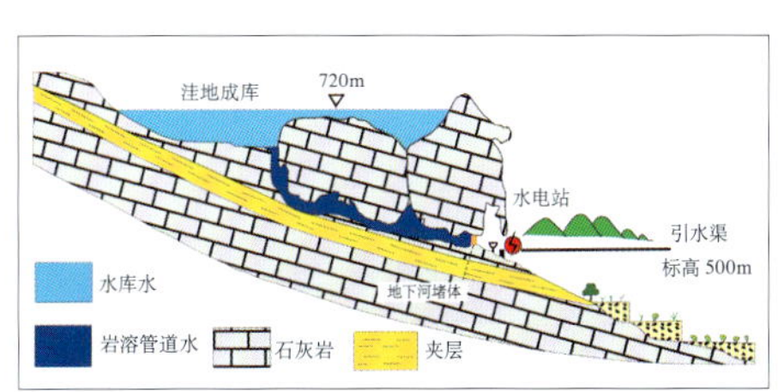

地下河及溶洼堵洞成库

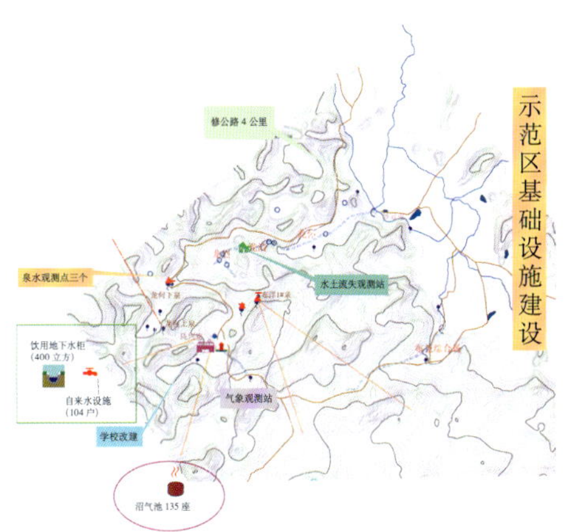

广西平果县果化表层岩溶水开发与生态恢复示范

国家地质实验测试中心

国家地质实验测试中心主要围绕地球科学的发展，结合我国地球科学研究、资源环境调查及评价的需要，开展实验测试新技术新方法研究与推广应用，开展地质实验测试标准化研究，开展生态环境地球化学调查与评价技术研究，推动地质行业实验测试技术的不断进步，为国家基础性、公益性地质工作提供技术支撑，为国民经济发展和社会进步服务。

2009 年获国土资源科学技术奖二等奖 1 项，获实用新型专利 2 项，参加国家计量技术规范编写 1 项。2009 年承担科技项目 74 项。其中，国家级项目 24 项、省部级项目 5 项、国土资源大调查工作项目 9 项、合作参加国土资源大调查课题 2 项、基本科研业务费项目 30 项、横向合作开发课题 3 项、技术培训计划 1 项。实际到位科研经费总计 1691.2 万元。其中，国家级项目经费 419.6 万元、国土资源大调查经费 797 万元、国土部公益性行业科研专项 167 万元、部级其他项目 29 万元、基本科研业务费项目经费 242.2 万元、横向合作及开发课题经费 30.48 万元、技术培训经费 5.958 万元。2009 年公开发表论文共计 119 篇，其中 SCI 文章 34 篇。合著英文专著 2 部，合著中文专著 1 部。

主任兼党委书记尹明（中），副主任吴淑琪（右二），副主任、党委副书记、纪委书记宋其敏（左二），副主任罗立强（右一），副主任沈建明（左一）

2009 年度重要研究成果

地下水污染测试技术研究：属地质调查工作项目，主要研究人员包括王苏明、刘菲、甘露、饶竹、黄业茹、李红梅、张兰英、温宏利、刘玉龙。项目围绕全国地下水污染调查评价工作的要求，研究制定了地下水有机污染组分分析技术和方法，研究制定了地下水污染调查评价样品分析质量控制方法，对地下水污染样品分析测试工作中野外样品采集方法和质量控制方法、实验室日常分析质量监控方法及地下水样品测试质量远程实时监控系统等共性和关键技术问题进行研究并实施应用，取得了显著成果。经过我中心短短的 3 年的努力，通过交流培训、现场指导、仪器设备购置等工作，使地质实验室从无到有，形成了有机污染物样品分析技术能力。13 个经认定具备资格的实验室近三年间累计完成了 2 万余组样品，得 110 万余项有机污染物分析，满足了全国地下水污染调查评价工作的要求，有效培育和提升了承担地下水污染样品测试任务的实验室有机污染物样品分析的技术能力，为全国地下水污染调查评价样品测试工作的顺利进行，为取得数据的可比性和有效性提供了有效的技术支持。项目组率先提出的地下水远程实时监控的质量控制方法和野外加标控制方法具有创新性。

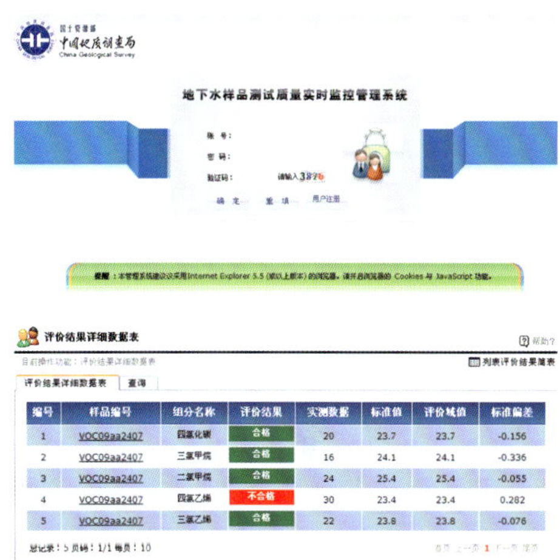

地下水样品测试质量实时监控管理系统

地球化学调查土壤样品有机分析技术研究及其应用：属国土资源地质大调查工作项目之内容，主要研究人员包括吴淑琪、张玲金、佟玲、黄园英、王苏明、许俊玉、杨佳佳。项目采取实验室和野外紧密结合，积极探索野外采样与实验室测定结果的关系，打破传统的实验室工作模式，有效延伸了实验室工作链。取得的主要成果：①建立了土壤和沉积物样品中 25 种持久性有机污染物的系列分析方法和分析质量控制方案。该方法分析速度快、效率高，技术指标远好于地质调查规范要求，达到国际先进水平。系列方法具有技术互补性和应用配套性，通过不同类型土壤 200 多个样品应用考察，证明其适用于不同基质土壤有机分析，已在地调系统有机实验室推广。②首次开展了区域性有机地球化学调查，获得 100km^2 1∶5 万区域有机污染物地球化学分布图，为开展面积性农业生态地球化学调查在野外样品采集、制备、保存以及分离测定等方面进行了积极的探索，其中野外样品采集与保存技术已为区域调查工作部署所采用。

在江苏野外进行采样

野外采集土壤剖面

探地雷达测量土壤含水层

大气被动采样技术应用及土壤中化合物变化趋势预测

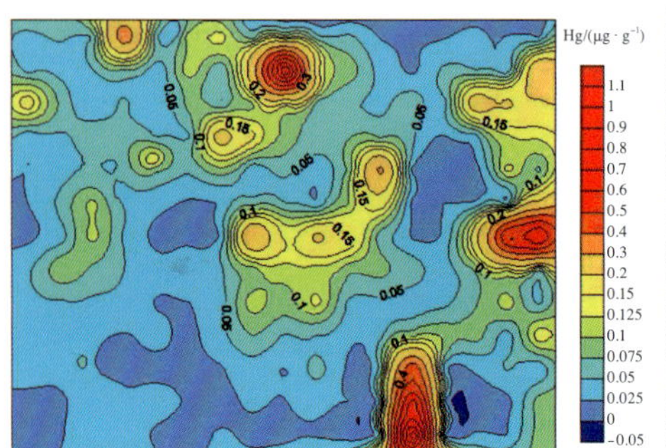

包头研究区表层土壤 Hg 元素地球化学图显示人为活动密集区 Hg 的异常较强烈

③面向行业 26 个单位培训学员 50 多人，技术研讨两次，60 多人次参加；全国有机分析比对两次，发表论文 3 篇。

不同景观城市的生态地球化学环境调查与风险评估方法技术研究：属国土资源地质大调查工作项目，主要研究人员包括刘晓端、杨永亮、罗立强、徐清、张玲金、许俊玉、黄园英、焦杏春、汤奇峰、李奇、罗松光、田中平、王淑贤、唐力君和李迎春。项目强调城市环境地球化学调查技术方法是生态地球化学系统研究的一部分，主要环境要素包括地质背景、水文地质、地理环境、土壤母质、社会环境等条件，多介质（土壤、水、大气）全方位（土壤垂向剖面、土壤元素全量和形态）地规范部署地下水和地表水样品的采集和分析，开展大气和大气悬浮物化学组分的研究，有助于全面反映生态系统元素的迁移转化规律，完整、综合地开展生态环境风险评价。项目利用大气主动、被动采样技术以及源解析技术对 POPs 的大气传输通量、污染物的来源开展了研究；利用时间序列分析方法以及逸度模型进行 OCPs 和 PCBs 预测预警分析，得出生态或健康风险值，进行了综合生态风险评价；利用遥感生态地球化学技术对工业城市大气环境进行监测，圈定了城市大气沉降异常区域，开发了《土壤地球化学环境重金属污染动态监测及预测 / 预警系统》。通过研究证明上海崇明岛表层土壤目前是清洁的。土壤垂向剖面显示，重金属元素含量逐年增长，易于进入生态链的离子交换态，碳酸盐结合态也在逐年增长，主要受长江上游水体环境和污染物排放的影响。南京市栖霞山铅锌多金属矿区土壤和地下水中重金属元素存在较严重的污染，蔬菜中的重金属超过国家标准，生态环境中的重金属污染来自矿山排污，并已经对周边环境和人体健康造成威胁。

2009 年度重要科技奖

2009 年我院获得国土资源科学技术奖一等奖 2 项、二等奖 6 项。矿产资源研究所等单位完成的"青藏高原碰撞造山与成矿作用"与水文地质环境地质研究所等单位完成的"华北平原地下水可持续利用调查评价"荣获 2009 年国土资源科学技术奖一等奖。地质研究所等单位完成的"大陆科学钻探地球物理调查与信息技术应用"等 6 项成果荣获 2009 年国土资源科学奖技术二等奖。

项目名称	完成单位	主要完成人员	获奖类别
青藏高原碰撞造山与成矿作用	中国地质科学院矿产资源研究所、中国科学院地质与地球物理研究所、中国地质大学（北京）、成都地质矿产研究所、中国地质科学院地质研究所	侯增谦、王二七、莫宣学、潘桂棠、丁林、王安建、张中杰、李光明、罗照华、唐菊兴、秦克章、徐义刚、曲晓明、王宗起、杨竹森	国土资源科学技术奖一等奖
华北平原地下水可持续利用调查评价	中国地质科学院水文地质环境地质研究所、河北省地质调查院、北京市地质调查研究院、天津市地质调查研究院、河南省地质调查院、山东省地质调查院、天津地质矿产研究所、中国地质大学（北京）、中国地质大学（武汉）、石家庄经济学院	张兆吉、费宇红、赵宗壮、谢振华、王亚斌、苗晋祥、杨丽芝、张凤娥、杨齐青、崔亚莉、靳孟贵、许广明、雒国忠、刘立军、王强	国土资源科学技术奖一等奖
大陆科学钻探地球物理调查与信息技术应用	中国地质科学院地质研究所、长安大学	杨文采、苏德辰、程振炎、于常青、孙爱萍、朱光明、何丽娟、刘因、钱辉、李惠民	国土资源科学技术奖二等奖
西藏当雄幅 1:25 万区域地质调查	中国地质科学院地质力学研究所	吴珍汉、孟宪刚、胡道功、江万、叶培盛、朱大岗、刘琦胜、杨欣德、邵兆刚、吴中海	国土资源科学技术奖二等奖
中国地球化学元素丰度图集编制与研究	中国地质科学院地球物理地球化学勘查研究所	史长义、迟清华、鄢明才、胡树起、张勤、刘崇民、顾铁新、卜维、鄢卫东	国土资源科学技术奖二等奖
新疆北天山西段铜多金属矿找矿方向和勘查模型研究	中国地质科学院矿产资源研究所、新疆维吾尔自治区有色地质勘查局七〇三队、中国国土资源航空物探遥感中心	张作衡、王志良、左国朝、王龙生、刘敏、甘甫平、王见葎、张长青	国土资源科学技术奖二等奖
矿产资源与中国的工业化——资源安全与可持续发展	中国地质科学院院部、中国地质科学院矿产资源研究所、中国地质科学院地质力学研究所	王安建、王高尚、陈其慎、韩淑琴、周凤英、韩梅、曹殿华、李瑞萍、耿诺、张建华	国土资源科学技术奖二等奖
《地质矿产实验室测试质量管理规范》研究与制修订	国家地质实验测试中心、武汉综合岩矿测试中心、中国地质科学院地球物理地球化学勘查研究所、国土资源部南京矿产资源监督检测中心、中国地质科学院水文地质环境地质研究所、四川省地质矿产勘查开发局成都综合岩矿测试中心、青岛海洋地质研究所	王苏明、叶家瑜、王祖荫、周金生、张勤、罗惠芬、田来生、熊及滉、王亚平、夏宁	国土资源科学技术奖二等奖

课题组成员正在西藏厅宫矿区开展矿区地质填图

侯增谦研究员（右一）在青海沱沱河铅锌矿区开展野外地质调查

项目研究的重点矿床——驱龙铜矿（中国最大的斑岩铜矿床）

课题组成员在西藏驱龙铜矿区做岩芯编录

青藏高原碰撞造山与成矿作用

2009年国土资源部科学技术一等奖获奖成果，获奖单位包括中国地质科学院矿产资源研究所、中国科学院地质与地球物理研究所、中国地质大学（北京）、成都地质矿产研究所、中国地质科学院地质研究所。获奖人员为侯增谦、王二七、莫宣学、潘桂棠、丁林、王安建、张中杰、李光明、罗照华、唐菊兴、秦克章、徐义刚、曲晓明、王宗起、杨竹森。该项成果是国家基础研究规划973项目、中科院重大科技创新项目及中国地质调查局地质大调查项目的最终集成研究成果。

主要创新点为：①发现青藏高原的陆－陆碰撞过程具有主碰撞聚合（65～41Ma）、晚碰撞转换（40～26Ma）和后碰撞伸展（<25Ma）三段性演化规律。首次证实三段式碰撞过程应力场均发生张/压交替的旋回式演变，研究建立了大陆碰撞造山的动力学模型，对认识超大陆形成与演化有重大科学意义；提出大规模岩浆底侵作用是高原地壳垂向增生和地壳加厚的主导机制之一。②发现高原东缘主要发生旋转构造而非大规模地块逃逸，并提出高原东缘旋转构造形变机制；发现印度板块发生断离以及岩石圈挤出与软流圈上涌的岩石学证据；提出主碰撞带存在新生地壳与再循环地壳两类地壳；提出主碰撞带活动裂谷系和藏南拆离系的发育时限及形成机制，对青藏高原大陆动力学研究作出贡献。③首次提出并建立了一套全新的以陆陆汇聚、构造转换、地壳伸展成矿系统为核心的大陆碰撞成矿理论，系统阐明了大陆碰撞带成矿系统及大型矿床形成的动力背景、深部过程、发育机制和成矿机理，对区域成矿学发展作出了重要贡献。④首次厘定出大陆碰撞带5个大陆成矿系统和10余种标志性的矿床类型，建立了以大陆型斑岩铜矿新理论为代表的5种典型矿床成矿新模型，揭示了大陆碰撞过程中成矿物质运移、积聚与沉淀机制，丰富和发展了矿床学理论。⑤初步查明了西藏高原区域成矿规律，系统建立了主要矿床类型的评价指标体系，集成了一套完整的GIS资源评价系统，首次定量评估了主碰撞带Cu、Pb、Zn、Ag等资源潜力，提交了一批战略新区和找矿靶区，并取得找矿突破，为区域勘查评价提供了理论指导和部署依据。

华北平原地下水可持续利用调查评价成果

属国土资源大调查项目成果，荣获2009年国土资源部科学技术一等奖。获奖单位包括中国地质科学院水文地质环境地质研究所、河北省地质调查院、北京市地质调查研究院等，主要完成人员包括张兆吉、费宇红、赵宗壮、谢振华、王亚斌、苗晋祥、杨丽芝、张凤娥、杨齐青、崔亚莉、靳孟贵、许广明、雒国忠、刘立军、王强等。

该成果依靠原始水文地质方法，应用同位素水文学、计算机模拟和GIS技术，厘定了华北平原第四系地层系统，建立了水循环模式，进行了地下水资源及功能评价，预测了未来水资源形势。在此基础上编制了《华北平原地下水可持续利用图集》、《华北平原地下水可持续利用调查评价》，建立了华北平原地下水资源数据库系统。

专家评价认为，该成果属地下水调查评价领域的重大成果，是华北平原50年来水文地质工作经验的总结，为国家全面掌握华北平原地下水可持续利用模式提供科学依据，是一份具有历史意义的、承前启后的优秀成果。

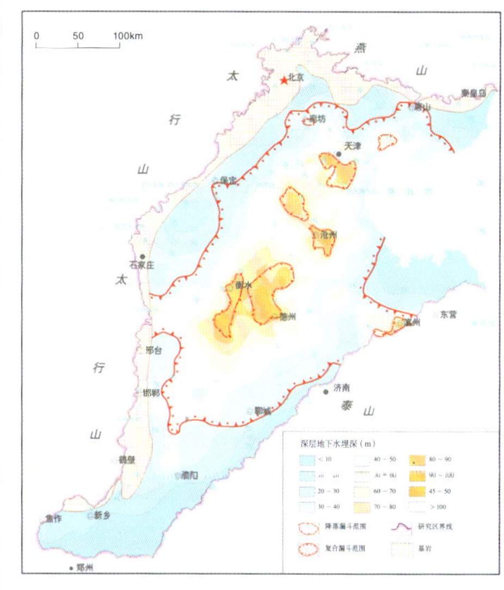

华北平原深层地下水漏斗分布图

采集地下水同位素样品

与国外专家进行地下水循环研究交流

野外钻探

大陆科学钻探地球物理调查与信息技术应用

2009年国土资源部科学技术二等奖获奖成果，获奖单位有中国地质科学院地质研究所和长安大学，获奖人员为杨文采、苏德辰、程振炎、于常青、孙爱萍、朱光明、何丽娟、刘因、钱辉、李惠民。

“中国大陆科学钻探工程地球物理子工程”和“中国大陆科学钻探工程管理信息和网络系统子工程”是中国大陆科学钻探工程的两个重要子工程。

主要创新成果包括：①自1997年以来，首次开展了大陆科学钻探选址综合地球物理调查及孔区三维地震调查和数据精细处理、先导孔及主孔VSP调查、数字三分量地震剖面调查，优选出了最能实现大陆科学钻探科学目标的孔址。②选址地球物理调查取得了大量壳幔动力学作用的地球物理证据，如陆壳深俯冲、岩浆底侵、地幔减薄等。尤其是用24s的深反射地震记录发现了大别苏鲁地区地幔内存在5组罕见的水平反射体。③地球物理子工程成功地进行了多项地球物理勘查方法技术的创新取得了结晶岩区开展三维和三分量反射地震和垂直地震剖面调查的丰硕成果。④利用大陆科学钻探取得的岩心岩性、构造编录和测井资料，建立了准确的波速模型，使合成的地震道与三维地震剖面之间达到完美拟合，准确地标定了主孔两侧三维地震发现的三大类反射体，建立了解释我国地壳地震反射的第一组标尺。⑤采用以深反射地质为先导，配合各种地球物理调查，在查清地壳上地幔组构的基础上，提出优选孔址，并为后续钻探证实。⑥建立了北京—东海之间地学部、工程部和东海钻探现场3个局域网，并采用VOIP技术在两地三点间建立了专线电话。数据始终能保持正常传输。⑦建立了中国大陆科学钻探工程的中英文网站以及相关的大陆动力学重点实验室的网站。利用先进的网络技术、岩心扫描技术、数据库技术和互联网站并通过网络发布到互联网上。将所有岩心扫描图像实时发布到了中国大陆科学钻探工程网站并实现了分级共享，为国内外用户和公众提供了很好的共享服务，使世界各地通过互联网可以了解科钻一井每天的进尺、编录信息及井场新闻等信息。

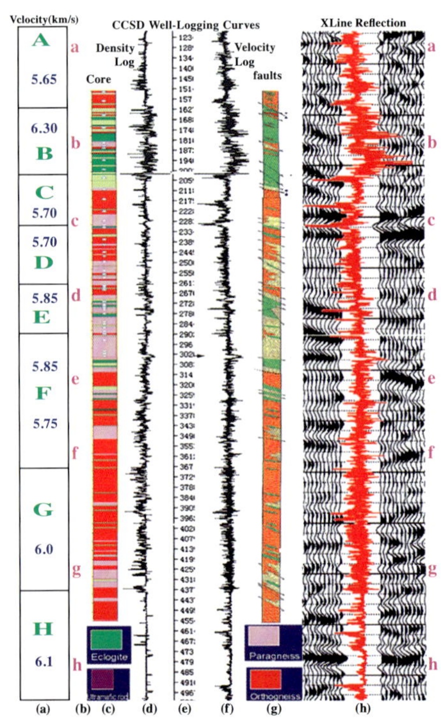

三维地震、测井和岩心岩性构造比较

(a) 地震波速分层及层速度，单位km/s；(b) 反射体编号；(c) 岩心岩性柱：绿色榴辉岩，紫色橄榄岩，粉色副片麻岩，红色正片麻岩；(d) 中子密度测井曲线；(e) 深度大致标尺，单位十米；(f) 声速测井曲线；(g) 岩心构造图；(h) 三维地震连络线剖面段和声阻抗曲线

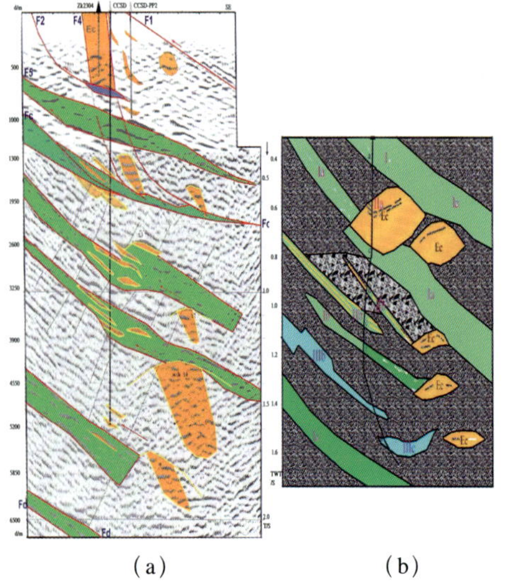

(a)　　　　(b)

大陆科学钻探主孔预测剖面(a)及钻探完工后推测剖面(b)

西藏当雄幅1∶25万区域地质调查

2009年国土资源科学技术奖二等奖获奖成果，获奖单位为中国地质科学院地质力学研究所，主要完成人员包括吴珍汉、孟宪刚、胡道功、江万、叶培盛、朱大岗、刘琦胜、杨欣德、邵兆刚、吴中海、赵希涛、王建平、冯向阳、纪占胜、柯东昂。

重要成果包括：①实测当雄幅1∶25万地质图，测编当雄幅1∶25万构造纲要图、第四纪地质图、矿产分布图、活动断层分布图，提交了优秀的区域地质调查报告和专题研究报告，大幅度提高了区域地质调查研究程度。②将旁多群解体为诺错组（$C_{1\text{-}2}n$）、来姑组（C_2P_1l）和乌鲁龙组（P_1w），在来姑组发现晚石炭世撒克马尔期腕足类化石群，新发现半球旁多贝一个新种；在麦隆岗组新发现一批牙形石，划分5个牙形石带，定义高舟牙形石属一个新种，显著提高了我国晚三叠世诺利阶牙形石生物地层研究程度。③发现早侏罗世宁中二云母花岗岩带、早白垩世欧郎序列侵入岩、古近纪旁多序列侵入岩、渐新世白榴石斑岩及始新世石泡流纹岩；在念青唐古拉山发现面积达1500km^{2}中新世巨型花岗岩，对岩浆锆石进行离子探针（SHRIMP）U-Pb同位素测年，精确测定岩浆侵位结晶时代为18.3～11.1Ma。④将念青唐古拉岩群解体为变质表壳岩和冷青拉片麻岩，在纳木错西岸发现早前寒武纪土那片麻岩和晚前寒武纪玛尔穷片麻岩，发现晚古生代鲁玛拉岩组角闪岩相变质岩，对认识拉萨地块结晶基底具有重要意义。⑤厘定纳木错与旁多2个逆冲推覆构造，测出纳木错逆冲推覆构造经历191～144Ma、109Ma、60～30Ma三期构造变形，查明旁多逆冲推覆构造形成于古近纪中晚期，在当雄−羊八井地堑鉴别28条活动断层与多期古地震事件。⑥新建晚第四纪湖相沉积地层单位——纳木错群及干玛弄组（Qp^3g）、扎弄淌组（Qhz），发现高出纳木错湖面130～140m高位湖相沉积，证明藏北高原晚更新世发育面积超过10万km^{2}古大湖，重新划分了第四纪冰期，揭示了晚第四纪古气候环境变迁过程。⑦综合划分内生金属成矿区带，新发现10处矿点，系统调查编录了地质遗迹与地质旅游资源。⑧发表中文核心期刊论文33篇、SCI检索论文8篇，出版专著2部，培养5名博士研究生和1名博士后研究人员。项目成果在国内外产生了比较重要的学术影响。

念青唐古拉山脉晚更新世冰川U形谷

林周盆北三叠系灰岩自北向南逆冲于上白垩统红层之上

当雄盆北历史地震遗迹

翻越念青唐古拉山脉

青海野外采样

项目成果之一

中国地球化学元素丰度图集编制与研究

2009年国土资源科学技术奖二等奖获奖成果，获奖单位为中国地质科学院地球物理地球化学勘查研究所，主要完成人员包括史长义、迟清华、鄢明才、胡树起、张勤、刘崇民、顾铁新、卜维、鄢卫东。

突出成果包括：①根据全国约750个有代表性花岗岩类岩体的768件组合样品的实测分析数据，计算出了中国花岗岩类及碱长花岗岩、正长花岗岩、二长花岗岩、花岗闪长岩、石英二长岩、石英二长闪长岩等花岗岩类岩石近七十种化学元素的丰度，天山－兴安造山系、中朝准地台、昆仑－祁连－秦岭造山系、滇藏造山系、扬子准地台、华南－右江造山带、喜马拉雅造山带等中国七大构造单元花岗岩类及不同岩石类型花岗岩的近70种化学元素的丰度，太古代、元古代、早古生代、晚古生代、中生代、新生代花岗岩类及不同时代碱长花岗岩、正长花岗岩、二长花岗岩的近70种化学元素的丰度。首次编制了56种元素与氧化物的1∶2500万中国花岗岩类地球化学图和61种元素氧化物的1∶2000万中国东部岩石地球化学图，超额完成了任务书规定的各项任务。②系统地研究了我国花岗岩类及不同岩石类型花岗岩近七十种化学元素的丰度和地球化学特征、中国各构造单元花岗岩带的元素丰度与区域分布特征、各地质时代花岗岩类的丰度与演化特征。研究了中国东部岩石化学元素平均含量及其在不同大地构造单元中的分布特征。③公开发表论文8篇，出版专著2部，并培养博士研究生1名。

该项成果全部使用实测资料，是拥有完全自主知识产权的原创性成果，不仅可以为中国的基础地质、矿产勘查、地球化学研究提供宝贵的基础资料，而且对中国区域上地壳的化学组成及演化研究有重要价值，具有重要的理论意义和广泛的实际应用价值。

中国花岗岩类样品分布图

新疆北天山西段铜多金属矿找矿方向和勘查模型研究

新疆西天山最大的阿希金矿矿区照片

2009年国土资源科学技术奖二等奖获奖成果，获奖单位包括中国地质科学院矿产资源研究所、新疆维吾尔自治区有色地质勘查局703队、中国国土资源航空物探遥感中心。主要完成人有张作衡、王志良、左国朝、王龙生、刘敏、甘甫平、王见蓶、张长青。

项目采用现代成矿学最新理论和采用最新的找矿技术方法，通过对新疆天山西段大地构造演化、岩浆活动与铜多金属矿床成矿作用的关系、铜矿床成矿地质背景和时空分布特点进行研究，总结了区域成矿规律和找矿标志，并提出区域成矿模型及找矿勘查模型，并开展了找矿预测。主要成果包括：依据构造单元时空叠覆理念，在前人工作基础上，结合精确定年，提出构造单元划分新方案；理顺了本区不同时期的地层系统，恢复了古构造沉积环境，划分了在构造演化进程中的成矿阶段及期次；通过大量火成岩岩石地球化学分析、同位素测年以及区域遥感影像解译，结合前人大量资料，重新厘定了西天山造山带各阶段演化史；分别建立了铜金多金属矿床的矿床尺度典型矿床模型和区域成矿模型，在精确定年的基础上厘定了喇嘛苏、达巴特和菁布拉克等矿床形成的地球动力学背景和形成环境；通过西天山与东天山和巴尔喀什成矿带综合对比，提出了西天山地区铜金多金属矿床找矿方向；综合研究区铜金矿区地物化和蚀变异常遥感等找矿标志，建立了铜金找矿模型并提出了一系列靶区。

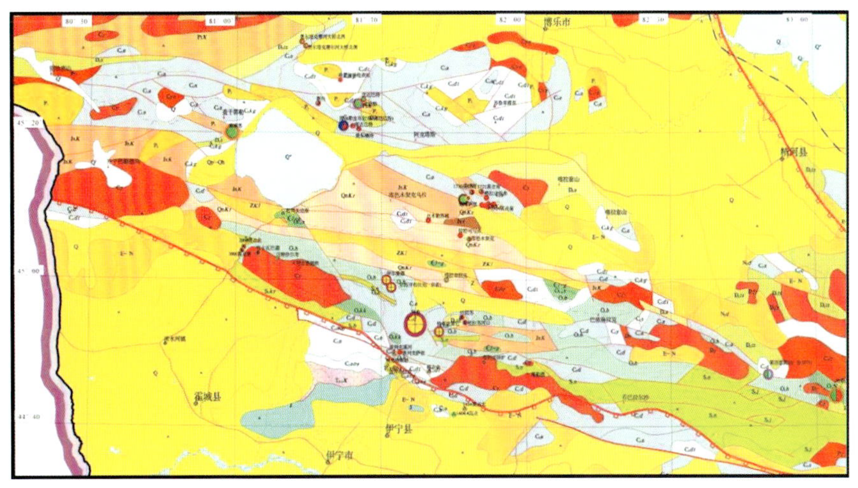

新疆北天山西段主要金属矿产分布图

项目组在老挝野外采集样品

矿产资源与中国的工业化——资源安全与可持续发展

2009年国土资源科学技术奖二等奖获奖成果，获奖单位为中国地质科学院、中国地质科学院矿产资源研究所、中国地质科学院地质力学研究所，主要完成人员包括王安建、王高尚、陈其慎、韩淑琴、周凤英、韩梅、曹殿华、李瑞萍、耿诺、张建华。

本成果在揭示资源与经济发展的诸多相关规律的基础上，从矿产资源安全、资源产业、资源环境和资源经济4个方面，系统分析了全球及我国资源供需趋势和面临的资源安全问题，提出了保障国家资源安全和可持续发展的系统对策。①通过揭示的工业化过程人均能源消费与人均GDP的近线性关系、人均矿产资源消费与人均GDP的“S”形关系等若干重要规律，创建了综合预测模型，系统预测了我国及全球未来20～30年资源供需形势，深入分析了全球资源供需格局以及我国面临的资源安全问题。②系统论述了我国矿产资源安全理论，首次建立了我国矿产资源安全评价模型和供应安全预警体系，定量评估了资源安全状况。从国家发展模式的高度提出6项资源战略安全和7项市场安全政策要点。③深刻分析了全球铁矿石供需格局和中国工业化进程，前瞻性地指出2008年全球铁矿石供需格局将发生转折，有效地影响了钢铁产业政策和铁矿石价格谈判。以揭示的需求峰值（拐点）理论为基础，结合我国原材料产业发展趋势，明确指出产业结构调整的方向和紧迫性。④把资源与环境密切结合，科学地分析了资源—经济—环境污染之间的相关关系，预测了环境污染趋势，指出实现“十一五”节能减排目标的艰巨性。

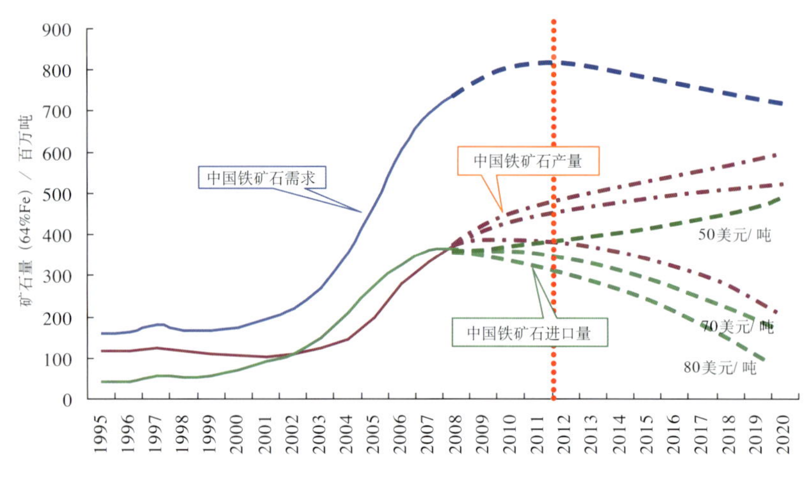

不同价格下我国铁矿石供应格局

《地质矿产实验室测试质量管理规范》研究与制修订

2009 年国土资源科学技术奖二等奖获奖成果，获奖单位包括国家地质实验测试中心、武汉综合岩矿测试中心、中国地质科学院地球物理地球化学勘查研究所、国土资源部南京矿产资源监督检测中心、中国地质科学院水文地质环境地质研究所、四川省地质矿产勘查开发局成都综合岩矿测试中心、青岛海洋地质研究所。获奖人员包括王苏明、叶家瑜、王祖荫、周金生、张 勤、罗惠芬、田来生、熊及滉、王亚平、夏宁。

本项成果是针对 DZ0130-94《地质矿产实验室测试质量管理规范》实施中逐步暴露出的缺陷和不足，参考相关 ISO 国际标准和测试实际需求，按照 GB/T 1.1-2000《标准化工作导则 第 1 部分 标准的结构和编写规则》的要求，完成修订替代版本，新增加了“覆盖区多目标地球化学调查（1∶250 000）样品”、“同位素地质样品”和“土工试验” 3 个分标准，已在地矿行业 700 余个实验室中得到广泛应用。

本项成果具有明显的创新特点。在国内首次以测试过程为基础架构，控制对测试结果质量有影响的所有因素，规范和提升实验室技术能力和管理水平；研究建立了 4 个数学模型应用于 DZ/T0130-2006《地质矿产实验室测试质量管理规范》，其中岩石矿物重复测试相对偏差允许限数学模型解决了岩矿分析中高含量段误差允许限偏松和低含量段误差允许限偏严的问题；贵金属和水分析重复测试相对偏差允许限数学模型解决了套用岩矿分析允许限合理性差的问题；岩石矿物分析准确度相对误差允许限数学模型解决了套用岩石矿物精密度允许限的概念混淆问题。在地矿行业中首次将国际通用的测量不确定度评定方法用于岩矿分析中不同人、不同方法、不同仪器设备分析数据的质量评估，用于样品加工的质量评估，并将标准物质的 2 倍不确定度作为水样分析准确度允许限。项目成果体现了分析技术的进步，具有良好的系统性、可操作性、适用性和科学性。

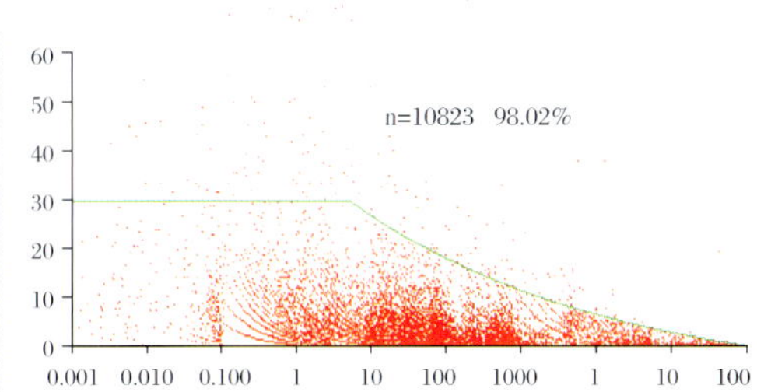

岩石矿物重复测试相对偏差允许限数学模型验证点位图

图中横坐标是浓度对数坐标，纵坐标是允许限

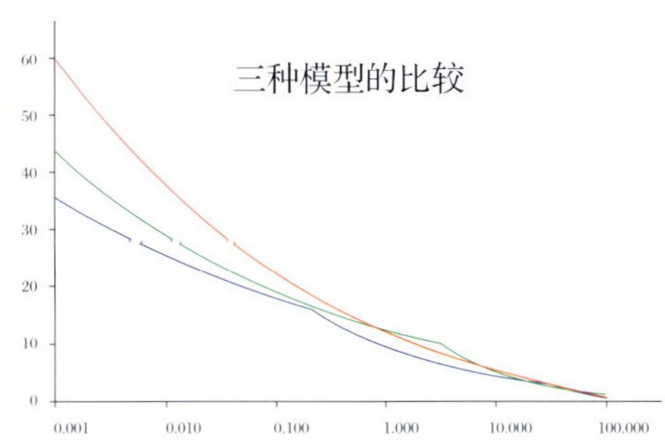

岩石矿物重复测试相对偏差允许限数学模型比较图

图中横坐标是浓度对数坐标，纵坐标是允许限，蓝色线是 3 点拟合数学模型，绿色线是 2 点拟合数学模型，红色线是新拟合数学模型

DZ

中华人民共和国地质矿产行业标准

地质矿产实验室测试质量管理规范

DZ/T0130-2006《地质矿产实验室测试质量管理规范》封面

宣传贯彻与培训

2009 年度十大科技进展

副院长董树文致开幕辞

国土资源部总工程师张洪涛在开幕式上讲话

报告会场

2010 年 1 月 10 ~ 11 日，中国地质科学院在北京组织召开了 2009 年度科技成果汇报交流暨十大科技进展评选会。来自国土资源部、科技部、教育部、中国科学院、国家自然科学基金委员会、中国地震局、中国石油化工集团公司等部门的 40 位院士、专家组成的评选委员会，经过认真、严谨的评审和投票，评选出中国地质科学院 2009 年度十大科技进展，这是中国地质科学院第 6 次年度进展评选。参加汇报交流的成果是从全院承担的 910 项项目中经过各研究所科学技术委员会遴选推荐产生的。

中国地质科学院 2009 年度十大科技进展

序号	项目名称	负责单位	负责人	项目来源
1	青藏高原冻土带天然气水合物发现	矿产资源研究所	祝有海	中国地质调查局
2	大巴山前陆构造演化与油气远景研究	地质力学研究所、地质研究所	董树文 高　锐	中国石油化工股份有限公司
3	早白垩世哺乳动物亚洲毛兽的发现	地质研究所	季　强	国家“973”计划课题
4	湖泊中长链烯酮不饱和度温标研究重要进展	国家地质实验测试中心	孙　青	国家自然科学基金、国土资源部百人计划
5	华北平原区域水资源特征与作物布局结构适应性研究	水文地质环境地质研究所	张光辉	国家科技支撑计划课题
6	矿产资源需求理论与预测模型	矿产资源研究所	王安建 王高尚	中国地质调查局、中国地质科学院科研业务费、国家开发银行
7	西部优势矿产资源勘查评价示范及找矿重大突破	矿产资源研究所	唐菊兴	国家科技支撑计划课题
8	翼龙从原始到进步的演化过渡类型——达尔文翼龙的发现	地质研究所	吕君昌	地质研究所基本科研业务费、国家“973”计划课题
9	大深度高分辨电磁探测技术与多功能电法仪研制	地球物理地球化学勘查研究所	林品荣	中国地质调查局
10	华北克拉通西缘前寒武纪基底演化与归属	地质研究所	耿元生	中国地质调查局、国家自然科学基金面上项目

1. 青藏高原冻土带天然气水合物发现

在世界上第一次在中低纬度高原冻土区发现天然气水合物。天然气水合物是一种十分重要的新型潜在能源，主要产于海底沉积物和陆上永久冻土带中，有预测其资源量是煤炭、石油和天然气资源总量的两倍，具有巨大的开发前景，成为未来理想的替代能源。在地质大调查项目资助下，矿产资源所祝有海研究员团队自2002年就瞄准青藏高原永久冻土带，进行天然气水合物的资源调查。2008～2009年中国地质科学院矿产资源研究所和勘探技术研究所共同组织实施了“祁连山冻土区天然气水合物科学钻探工程”，在祁连山冻土区相继组织实施了3口科学钻探井，取得重大突破。3口科学钻井均成功钻获天然气水合物实物样品，经多种方法验证证实为天然气水合物。另外，在天然气水合物调查技术和配套装备研发等技术攻关方面亦取得重要进展。这是我国在冻土区首次钻获并检测出天然气水合物实物样品，具有重要的科学、经济和环境意义。

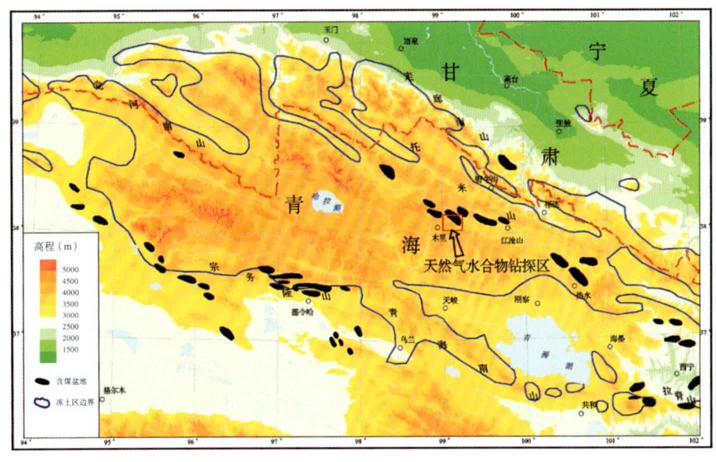

祁连山冻土区天然气水合物钻探区位置图

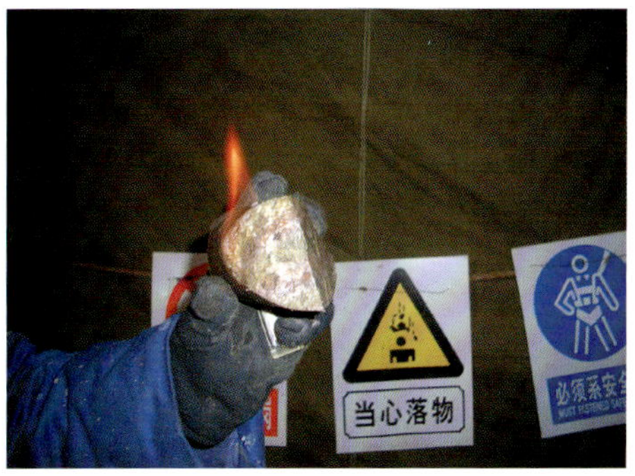

项目组发现天然气水合物样品

祁连山冻土区天然气水合物晶体及其燃烧照片

祁连山冻土区天然气水合物 DK-1 科学钻探试验孔施工现场

专家讨论

大巴山野外考察

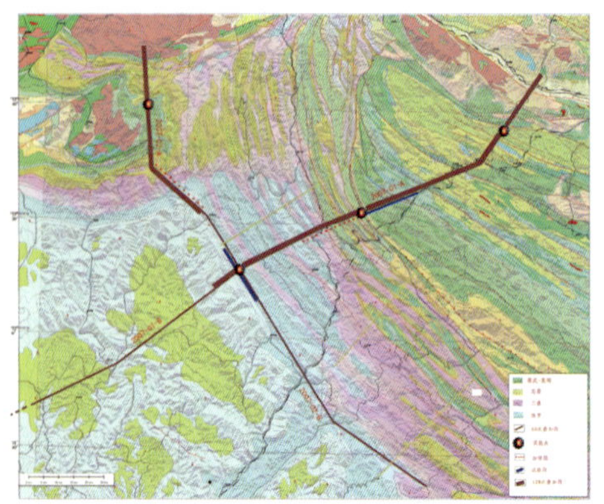

穿越大巴山造山带反射地震剖面位置

2. 大巴山前陆构造演化与油气远景研究

建立了大巴山陆内薄皮造山模式，提出大巴山油气勘查突破的新思路。在中国石油化工有限公司资助下，地质力学所和地质所董树文、高锐研究员团队以穿越大巴山造山带及前陆长达500km反射地震剖面为基础，揭示了该区的深部精细结构，建立了陆内薄皮造山带的地壳模型；厘定了大巴山前陆晚侏罗世—三叠纪的褶皱干涉类型和方式，确定了三叠纪—晚侏罗世的复合前陆和叠加变形的模式；揭示了陆内造山过程大规模地质流体的排泄特征、运移方式和聚散的空间关系；证实了古生代—三叠纪的油气随高压流体由北东推覆-冲断岩席向南西前陆-坳陷带排泄、汇聚的过程。基于以上创新性的认识，明确了围绕大巴山弧形前陆进行油气勘探的战略方向，并将前陆三角构造区作为油气预测验证的首选地区。专家委员会认为这是一项深部和浅部、地质与地球物理相结合的优秀研究成果，对该类研究具有示范作用。

董树文团队在大巴山野外考察

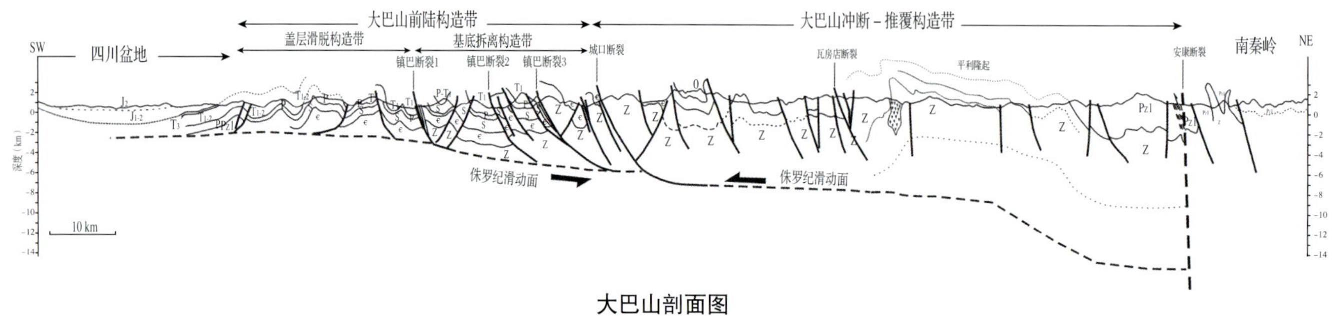

大巴山剖面图

3. 早白垩世哺乳动物亚洲毛兽的发现

亚洲毛兽的发现揭示了哺乳动物耳区演化过程。地质研究所季强研究员团队在国家"973"项目和地质调查项目联合资助下，在热河生物群研究领域获得系列重大发现，推动我国古生物研究在该领域步入了世界前沿。2009年新发现亚洲毛兽化石，保存得非常完整。该哺乳动物属于对称齿兽类，主要以昆虫和蠕虫为食，是一种陆生哺乳动物。根据对亚洲毛兽化石特征的研究，表明亚洲毛兽与有袋类和有胎盘类哺乳动物的亲缘关系比其与单孔类的关系更紧密，其中耳骨骼在一定程度上与现生的哺乳动物相似，但与现生成年哺乳动物不同，其中耳与下颌形成了特殊连接，这种连接也称为骨化的麦氏软骨，与现生哺乳动物胚胎发育的情况，以及与前哺乳动物祖先的原始中耳相似。新化石为哺乳动物耳区结构的演化研究提供了珍贵的信息，使发育生物学家和古生物学家能够合理解释发育机制如何对最早期哺乳动物的形态演化产生影响。亚洲毛兽研究成果发表于国际顶级刊物《科学》杂志。

季强研究员野外工作

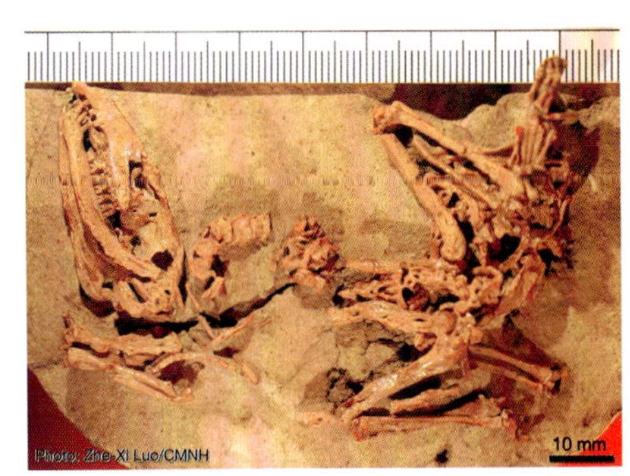

亚洲毛兽（新种）的正型标本和生态复原图

孙青研究员在实验室进行测试

4. 湖泊中长链烯酮不饱和度温标研究重要进展

在我国首次发现并成功分离出湖泊中长链烯酮母源等鞭金藻，单藻种培养建立长链烯酮不饱和度与水温关系方程。该成果是国家地质实验测试中心孙青研究员团队在执行国家自然科学基金和国土资源部百人计划支持下取得的。长链烯酮不饱和度 UK37′ 作为反映古气候变化的重要替代指标，已在海洋中得到广泛应用，但在湖泊中长链烯酮不饱和度与温度的关系及其母源研究则很少。课题组研究了不同气候带、不同水化学环境湖泊表层沉积物中长链烯酮，发现多数湖泊中存在 2 ~ 4 个不饱和键的长链烯酮。湖泊长链烯酮不饱和度与年均气温及春秋季节温度高度相关，建立了湖泊表层沉积物中长链烯酮不饱和度与温度的经验函数关系。首次发现并成功分离出湖泊中长链烯酮母源等鞭金藻 *Chrysotila lamellose*。通过单藻种控温培养，建立长链烯酮不饱和度与水温关系方程，实验室培养公式与经验公式斜率一致，验证了长链烯酮不饱和度温标的正确性；进而对比研究了器测记录温度与夏日淖尔湖泊沉积物中长链烯酮重建温度，进一步验证了长链烯酮不饱和度与温度高度相关，表明长链烯酮是可靠的陆地温标。研究成果在国外 SCI 刊物发表论文 7 篇，引起广泛关注。

5. 华北平原区域水资源特征与作物布局结构适应性研究

首次查明区域水资源变化与作物布局的区位关系，为从根本上缓解华北平原地下水超采问题提供了科学依据。水文地质环境地质研究所张光辉研究员团队研究了灌溉农田作物布局结构、规模与耗水强度变化的过程，及其在不同气候条件下对区域地下水的影响和机制。揭示了近50年来华北平原地下水流场异常演化过程机制，阐明区域地下水流场变化与气候及农业活动强度变化的关系。确定了涵养超采区地下水的作物布局结构调整方略。发现灌溉节水水平的不断提高，有效地减缓了华北平原地下水开采量增加的速率，确保了粮食生产对灌溉需水的安全保障。揭示了区域地下水位持续下降、包气带增厚对降水入渗补给地下水存在不同影响模式。阐明了区域地下水可持续开采量与地下水自然属性功能之间内在关联性，发展了区域地下水功能可持续利用性评价理论与方法。该项目属科技部科技支撑计划课题，完成46幅成果图，出版专著1部，获准软件著作权登记1项。

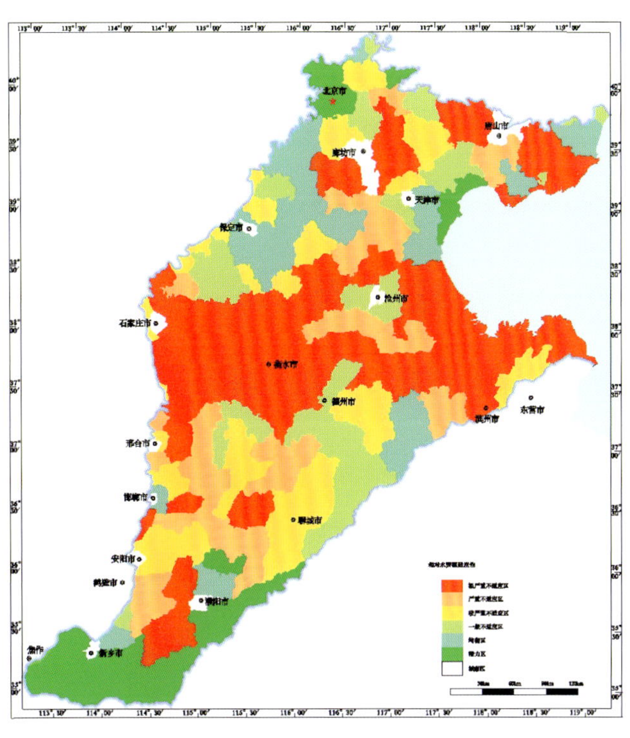

相对水资源适应性

张光辉研究员野外指导节水试验工作

农田区地下水调查现场

灌溉农田节水灌溉试验研究

项目负责人王安建研究员接受财经频道采访

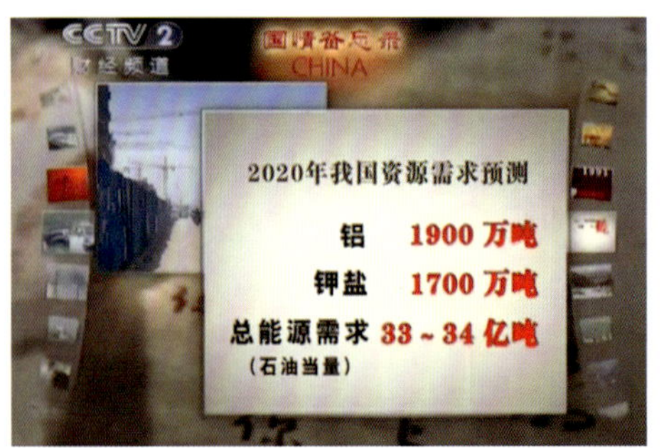

中央电视台财经频道－国情备忘录－资源篇对项目的采访

王安建研究员（左二）在老挝考察

6. 矿产资源需求理论与预测模型

系统提出矿产资源需求的理论体系与预测模型，为政府决策提供理论依据。中国地质科学院全球矿产资源战略研究中心王安建、王高尚研究团队在中国地质调查局、中国地质科学院和国家开发银行联合资助下，以全球50多个先期工业化国家和发展中国家200多年的经济、社会、环境数据为标本，运用自然科学的研究方法，在国内全面开展了矿产资源需求、供应、市场、碳排放等相关规律的研究，发现了人均矿产资源消费与人均GDP的相关规律、矿产资源消费强度的倒“U”形规律、能源弹性规律、矿产资源消费波次递进规律、矿产资源价格规律等全球矿产资源消费规律；建立了资源供需、价格、碳排放数据库及预测模型；对全球及我国未来25年资源供应趋势进行预测，形成了矿产资源与国家经济发展的系列理论。其系列成果形成专著2部、报告数十部、文章近百篇，为国务院有关部门提供了重要的决策依据，部分理论被大学编入教材。该研究团队已成为我国能源、矿产资源政策的重要智库之一。

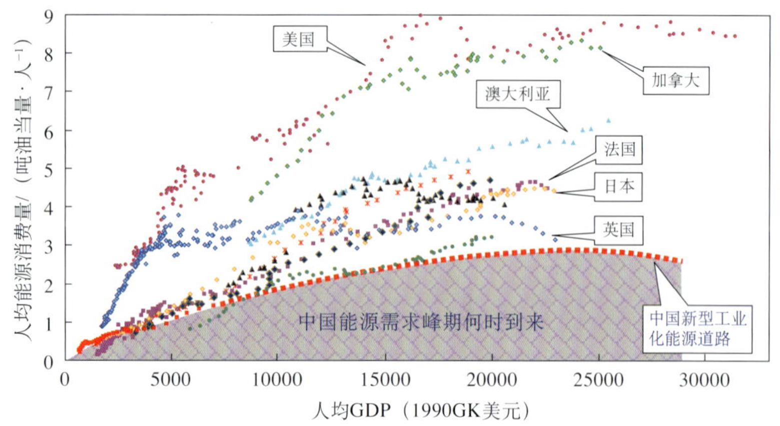

人均能源需求与人均GDP相关关系及我国人均能源需求趋势

7. 西部优势矿产资源勘查评价示范及找矿重大突破

矿床成矿系列理论指导找矿实践，公益性勘查与商业性勘查紧密衔接，西藏甲玛铜多金属矿找矿获得重大突破。这是矿产资源所唐菊兴研究员团队执行的国家科技支撑计划重大项目“中西部大型矿产基地综合勘查技术与示范”的课题和中国黄金集团重点勘查项目的阶段性成果。通过3年多在西部地区东天山彩霞山铅锌矿和冈底斯甲玛铜多金属矿的调查研究，建立了“成矿动力学和成矿系列理论为指导的找矿模型和地质综合信息矿产资源潜力评价方法体系”；对天山地区铅锌矿、巴仑台－星星峡等地沉积变质型铅锌矿等进行了查证；对彩霞山铅锌矿深部找矿提供了新的途径，实现了新突破。在冈底斯墨竹工卡甲玛铜多金属矿示范区，经过近两年的勘查，也取得找矿突破，并提出在冈底斯矿集区找寻矽卡岩型、角岩型铜钼多金属矿床的重要意义，已提交331+332+333金属量铜金属量超过400万吨，钼金属量超过45万吨，伴生金金属量83吨，铅锌金属量超过70万吨，伴生银金属量超过5000吨，成为国内外少见矽卡岩型＋角岩型超大型铜多金属矿床。

陈毓川院士（右二）在甲玛矿区指导唐菊兴（右一）项目组野外工作

陈毓川院士（左二）、唐菊兴研究员（左一）在西藏甲玛铜多金属矿区考察，在岩芯库观察岩芯

吕昌君博士野外观测地层剖面

翼龙复原图

8. 翼龙从原始到进步的演化过渡类型 —— 达尔文翼龙的发现

达尔文翼龙 —— 会飞的食肉爬行动物在辽宁西部发现。在国家重点研究计划“973”和中国地质调查局项目资助下，地质所吕君昌博士为主在辽宁西部中侏罗世地层中，新发现了一件具有重大意义的翼龙化石。新发现的翼龙化石被命名为模块达尔文翼龙（*Darwinopterus modularis*），代表了原始翼龙向进步翼龙演化的过渡类型。达尔文翼龙的头骨（外鼻孔和眶前孔愈合为一大的鼻眶前孔）和颈椎部（颈椎椎体长，颈肋短或者退化）的特征为进步翼龙的特征，而其尾部（尾部长，尾椎体个数多于15个）和足部特征（第五脚趾发育，具有两个长的趾节）又为原始翼龙的特征。达尔文翼龙的发现既填补了翼龙演化的空白，有可能打破对翼龙传统的二分方法，又为生物宏观演化机制提供了例证。研究成果发表在英国《皇家学会学报》后，国际顶尖刊物《自然》杂志为此专门发表了一个评述性文章，给予高度的评价。

9. 大深度高分辨电磁探测技术与多功能电法仪研制

自主研发适合深部找矿的多功能电法勘探仪器，填补了我国多功能电磁测量仪器的空白。地球物理地球化学勘查研究所林品荣研究团队在地质调查项目资助下，攻克了多频等幅同步供电、密集频点供电、大功率励磁稳流供电和高精度混合同步等关键技术，开发了数据处理与解释软件，形成了我国具有自主知识产权的大功率、多功能电磁法勘查系统，供电电流是国外同类仪器2～3倍，有效勘探深度由500m提高到1000m。该系统具备天然源场的音频大地电磁测量、人工源场的激电测量和可控源音频大地电磁测深功能，并且具有进一步扩展潜力，能够同时获得电阻率和极化率参数，与国外仪器相比有较多优越性，为我国深部找矿工作提供了新的有效技术装备。

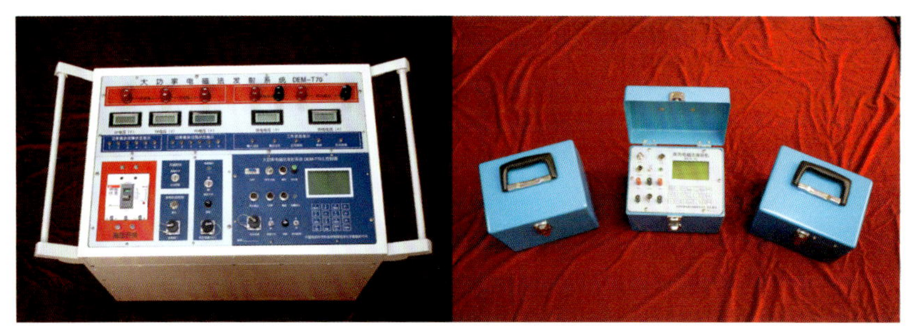

电磁法大功率发射机　　电磁法多功能接收机

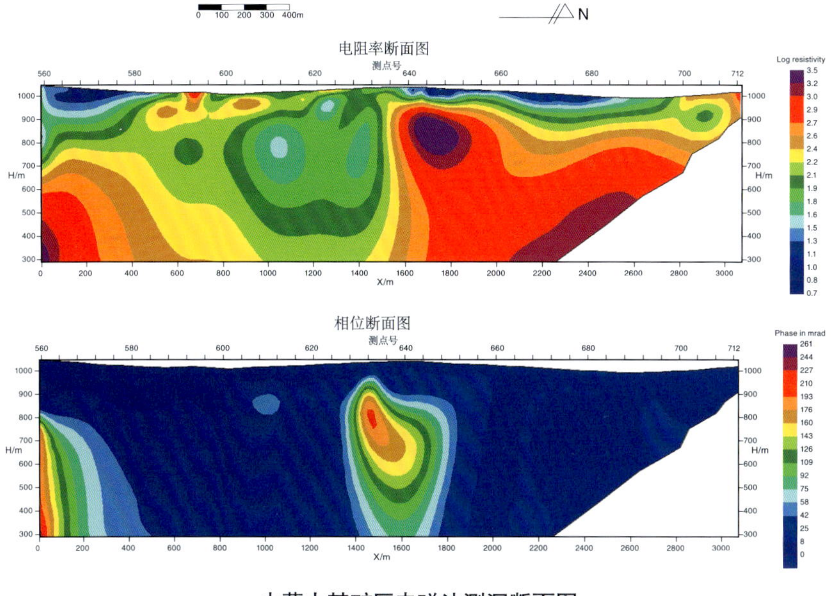

内蒙古某矿区电磁法测深断面图

林品荣研究员（中）项目组

野外工作照 —— 布发射源

野外工作照 —— 数据采集

耿元生研究员考察野外露头

10. 华北克拉通西缘前寒武纪基底演化与归属

华北克拉通西缘在哪里？阿拉善西部早前寒武纪阿拉善岩群研究新进展为揭示这一地质之谜打开了一扇窗口。以地质所耿元生研究员为首的科研团队通过野外、室内相结合的研究，在阿拉善西部原划归早前寒武纪阿拉善岩群中，发现多处新元古代早期同碰撞型花岗岩（900Ma ~ 930Ma）及古生代火山岩和侵入岩（分别为330Ma 和 280Ma 两组年龄数据）；以丰富的测年数据建立了本区岩浆演化序列，这些研究对重新认识阿拉善地区的构造属性具有重要意义。项目通过对贺兰山与阿拉善变质基底的对比研究，厘定了阿拉善地块在不同地质阶段的构造归属：太古宙 — 元古生代时期，阿拉善地块东部代表的变质基底应属华北克拉通，西部则可能属于祁连地块；到新元古代，地块东部仍属华北克拉通，西部为与祁连、欧龙布鲁克、柴达木地块关系密切的独立陆块；到古生代，整个阿拉善可能构成相对独立的地块，并卷入古亚洲碰撞造山过程；中生代形成现今构造格局。该项目是由中国地质调查局和国家自然科学基金委联合资助完成的。

5 重点实验室及年度重要进展

北京离子探针中心

2009年，北京离子探针中心的各项工作均取得突破性进展。中心北清路生命科学园新基地于7月份开工，目前土建工作已完成，盼望已久的第二台SHRIMP IIe-MC有望在2010年安装在新基地实验室。中心的科研工作继续向国外推进。9月份以中心为依托，联合国际前寒武研究方面顶级的科学家建立了国际前寒武研究中心，刘敦一担任主任；与美国华盛顿大学（圣路易斯）合作进行了阿波罗（Apollo）月岩的锆石年代学研究，已获重要成果。双方将针对月岩样品开展进一步的合作；南非太古宙绿岩带的研究工作取得了可喜的进展；中亚造山带蛇绿岩岩年代学研究收获成果，发表的重要论文为国内外同行所关注。中心在2009年继续保持了高效运行和全面开放，国外用户大幅增加。本年度，北京本地SHRIMP测试服务机时共计255.2昼夜；通过离子探针远程共享控制系统（SROS）使用澳大利亚科廷（Curtin）理工大学SHRIMP机时77昼夜；通过SROS共享暂存于澳大利亚堪培拉ASI公司的第二台SHRIMP IIe-MC机时27昼夜。3月，中心在台北中研院地球科学研究所建立了新的SROS工作站。2009年，国内外学者应用在中心SHRIMP上取得的锆石定年结果共发表科研论文132篇，其中国际期刊文章68篇，中心研究人员作为第一作者的文章共16篇。中心的SHRIMP继续保持了科研成果产出率世界第一的位置。

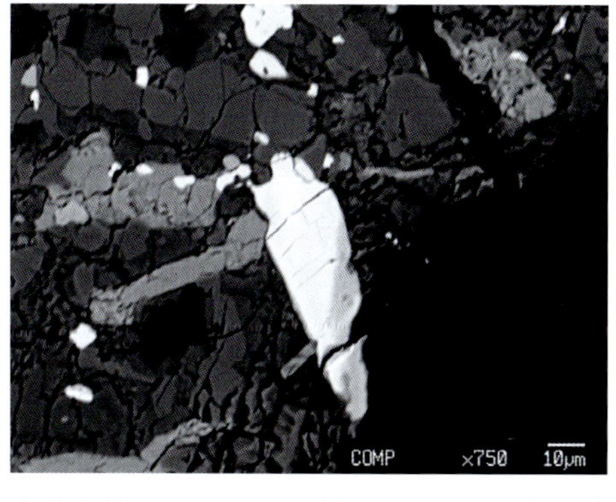

中心应用SHRIMP II测定了Apoll-12岩石薄片中的41粒锆石样品的年龄。图为其中最大的一粒锆石

第二台SHRIMP IIe-MC在澳大利亚ASI公司通过SROS系统向国内地学界开放远程测试服务

北京离子探针中心北清路生命科学园新基地实验楼主体结构

袁道先院士向 Richard Lawrence Edwards 教授介绍桂林岩溶概况

国土资源部岩溶动力学重点实验室

2009 年度国土资源部岩溶动力学重点实验室承担中国地质调查局计划项目 1 项、国家自然科学基金 7 项、社会公益项目 2 项、地质调查类工作项目 2 项、横向项目 4 项、其他项目 6 项，为加强学科交叉设实验室开放课题和主任基金共 15 项。

2009 年度学术交流与学术会议：实验室于 2009 年组织出国进行野外考察及参加国际会议 9 项，邀请国内外学者讲学 10 人次。联合举办国际研讨会及培训班 1 个。

2009 年 6 月美国明尼苏达大学程海教授和 Richard Lawrence Edwards 教授应邀到实验室进行了访问。利用中国西南地区独特的资源优势，结合美国明尼苏达大学顶尖的 MS-ICP-MS 测试技术，在中国西南地区建立 50 万年来高分辨率的石笋气候地层学标准剖面，为全球变化研究及晚第四纪气候年代地层学提供可靠的时间系列标尺。2009 年 9 月，袁道先院士、姜光辉副研究员参加了在克罗地亚举办“岩溶环境可持续性——第纳尔岩溶及其他地区岩溶”国际会议，两人分别向大会做了“The groundwater protection issure in karst regions of southwest China” 和“Resource, environment and development in Fengshan Geopark karst area”两个报告。姜光辉作为 IAH Karst Commission 的副主席参与优秀青年研究者奖评选。

实验室为国际岩溶研究中心的建设和发展做出了重要的贡献。如为“岩溶生态与水文”国际培训班的召开，中心理事会、中心学术委员会的召开，中心管理体制的建立等做出的努力；主要由实验室人员负责编写的碳汇项目的立项通过国土资源部的审查，该项目的启动将加强地质碳汇监测研究，建立中国地质碳汇监测网络；对武鸣灵水来源的研究工作得到武鸣县政协高度重视及大力支持，并邀请其为 2010 年县政协提案报告；实验室人员出席哥本哈根世界气候大会，是中国地质科学院第一次派代表参与联合国气候变化框架公约缔约方会议暨京都议定书缔约方会议；实验室编写的桂林市雁山区大埠乡岩溶区石漠化综合治理规划已列入雁山区政府工程。

“中国西南岩溶石山地区重大环境地质问题及对策研究”咨询研讨会及“岩溶地区资源管理方法与准则”培训班代表

在核心期刊发表学术论文 28 篇，其中 SCI 检索 2 篇，培养研究生 13 人。

国土资源部大陆动力学重点实验室

大陆动力学实验室以地学前缘——碰撞动力学及地幔动力学为主要研究方向，探索中国（亚洲）大陆构造及动力学的若干重大关键科学问题，促进大陆动力学理论的发展，为实现我国资源、能源的可持续发展和地震灾害防治提供重要的科学依据，并服务于国家的经济与社会发展需求。

2009年国务院副总理李克强参观了大陆动力学重点实验室；响应“地质找矿基础大讨论”，实验室举办了“大陆动力学与找矿战略”和“中国大陆能源资源突破战略研讨会”；发起成立中国地质学会“大陆地壳和地幔研究分会”，获得中国科协和民政部批准；赴俄罗斯科拉半岛和乌拉尔开展合作考察，获取世界上最深的科拉科学钻探（12km深）的岩心样品；赴法国斯特拉斯堡地球物理研究所和法国国家科研中心开展合作；组办第24届HKT研讨会的西藏南迦巴瓦–松多榴辉岩–罗布莎铬铁矿床的会后考察；赴美国开展合作考察和参加地球物理年会（AGU）。

科技部基础司张先恩司长和叶玉江副司长考察大陆动力学实验室

2009年实验室获国家自然科学基金“创新研究群体”科研资助；获国家野外科技工作先进集体奖、国土资源部科技二等奖、李四光地质科学奖、野外科技工作突出贡献奖、青藏高原优秀青年奖等个人奖，并有4人参加国庆观礼；研究生获中国地质科学院优秀博士论文和程裕琪奖、全国岩石会议优秀论文奖；博士生论文发表在JGR等国际著名刊物。实验室将大陆科学钻探工程获得的国家科技奖金12万元捐献给汶川地震灾区在向娥小学建立“地球奖学金”。

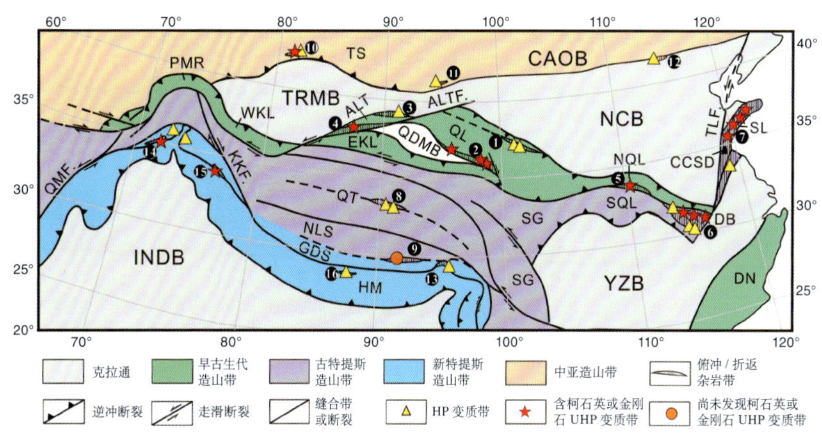

中国高压/超高压变质带分布及大地构造背景图

1—克拉通；2—始特提斯HP-UHP；3—古特提斯HP-UHP；4—新特提斯HP-UHP；5—古亚洲HP-UHP带；该研究是对中国的高压超高压变质带的总结和形成机制的探讨

国土资源部成矿作用与资源评价重点实验室

陈毓川院士获得“全国野外科技工作者突出贡献者”称号

王登红研究员获得“全国野外科技工作先进个人”称号

张作衡研究员获得中国地质学会金锤奖

加拿大曼尼托巴大学教授 Peter Laznicka 应邀到实验室做报告

国土资源部成矿作用与资源评价重点实验室紧密围绕国家目标和地学前沿，研究成矿作用过程和成矿背景条件，开展区域成矿规律研究，发展成矿理论，进行区域矿产资源潜力评价和成矿远景区划，研发矿产资源勘查评价的新技术、新方法，开展大型典型矿床的勘查示范研究，研究解决矿产资源调查评价中的重大科学问题。

2009 年实验室学术活动活跃，重点围绕实验室发展和实现找矿突破展开。为了进一步提升重点实验室整体实力，根据学术委员会建议，依托单位将“国土资源部成矿作用与资源评价重点实验室”与“国土资源部盐湖资源与环境重点实验室”（盐类矿产）进行了重组，申报了国家重点实验室。实验室人员出国考察或参加国际会议 30 人次，邀请国内外专家讲学 9 次。

2009 年度重要科研成果

张作衡等完成的“新疆北天山西段铜多金属矿找矿方向和勘查模型研究”获国土资源科技进步二等奖；实验室人员参与完成的“青藏高原碰撞造山与成矿作用”获国土资源科技进步一等奖。唐菊兴研究员等完成的西藏墨竹工卡县甲玛铜金多金属矿床找矿工作取得重大突破，被评为十大地质找矿成果。陈毓川院士获得“全国野外科技工作者突出贡献者”称号、王登红研究员获得“全国野外科技工作先进个人”称号、张作衡研究员获得地质学会金锤奖。出版专著 8 部，发表科技论文 100 余篇、SCI 论文 30 余篇。立项工作取得丰硕成果，获“地壳探测工程”计划项目 1 项、公益性行业科研专项项目 1 项、新增地调工作项目 6 项、国家 973 课题 1 项、国家自然基金项目 9 项，其中重点基金 2 项。

国土资源部盐湖资源与环境重点实验室

国土资源部盐湖资源与环境重点实验室主要开展盐湖矿产、生物资源以及盐湖记录对全球变化响应等研究，2009 年共承担项目 33 项，参加国际合作研究 2 项。

与美国华盛顿大学合作交流： 2009 年，郑绵平院士、孔凡晶研究员赴美国参加在美国休斯顿召开的“第 40 届月球和行星科学大会”，并赴华盛顿大学进行访问和合作研究，开展与火星表面环境相关的青藏高原盐湖盐矿和生物类比研究。

加拿大萨斯喀彻温省 KP488 钾盐勘查： 2009 年与中川公司合作，在加拿大萨斯卡彻温省开展钾盐找矿勘查，找到了大型优质钾石盐矿床，矿层面积 37km^2，平均厚度 19.25m，KCl 品位 32.8%，氯化钾资源量 5.02 亿吨（332+333）。

藏北当雄错更新世末期 — 全新世早期叠层石新发现： 叠层石发育最佳温度为 20 ~ 30℃时。当最高温度低于 12 ~ 15℃时，蓝菌停止生长，目前当雄错年均温 2 ~ 3℃，说明当时藏北南部温度高于今天 10℃以上。这是在藏北发现的阿路罗德（Alleyöd）暖事件（约 13 ~ 12Ka B.P.）以及仙女木（约 10 ~ 9Ka B.P.）之后的间暖期。

藏北火山沉积含硼岩系的发现与研究： 郑绵平等首次在阿里南部发现了火山沉积硼矿重要找矿线索，发现了有利于成矿的湖相沉积+火山沉积的二元结构地层。

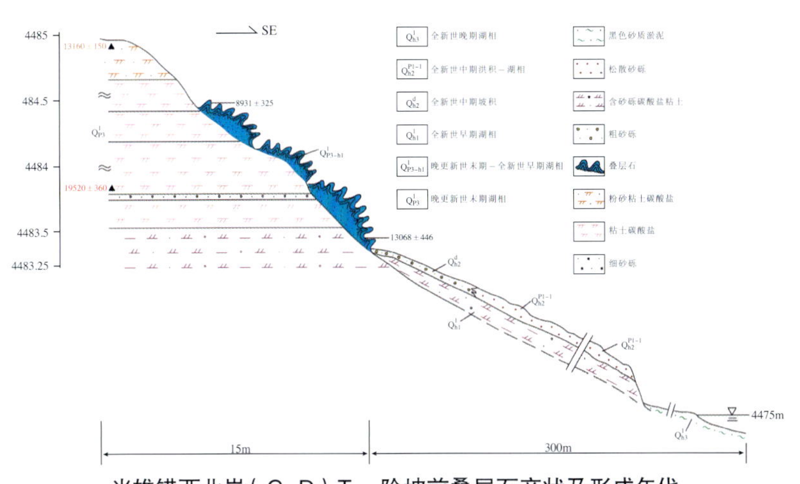

当雄错西北岸（C–D）T_{2-1} 阶坡前叠层石产状及形成代

在华盛顿大学参观 CAVE 三维合成景象实验室

右二为郑绵平院士，左一为王阿莲博士，右一为孔凡晶博士

野外钻探现场，右一为齐文博士

叠层石

采样前的准备工作

氢氧同位素标准水样研制

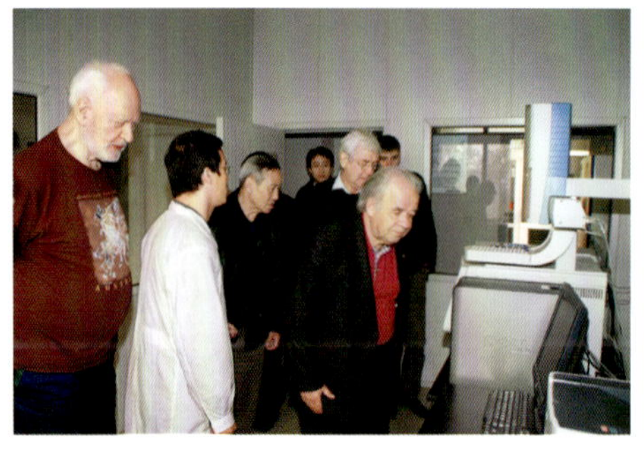

外国专家到实验室参观交流

国土资源部地下水科学与工程重点实验室

国土资源部地下水科学与工程重点实验室依托中国地质科学院水文地质环境地质研究所，发挥尖端科研资源优势，主要开展不同时空尺度地下水循环演化过程、资源与环境效应及其动力学，层圈间不同界面水盐通量变化及其对全球气候变化和人类活动的响应机制，区域含水层系统探测技术与评价理论，地下水演化的同位素与数值模拟、预测技术等研究，促进地下水科学的相关学科发展，为解决地下水可持续利用过程中的国土资源及环境问题提供科学依据。

2009 年实验室承担的在研项目包括：973 项目 1 项、自然基金项目 2 项、地质调查项目 5 项、所基本事业项目 12 项。实验室承担的“华北平原区域水资源特征与作物布局结构适应性研究”入选 2009 年度中国地质科学院十大科技进展。

全年发表核心期刊论文 23 篇，承办“全国水文地球化学与同位素技术方法研讨会”1 次，参加学术交流 29 人次，邀请国内外学者作学术报告 5 次。

实验室 2009 年承担的主要项目进展与成果

实验室承办“全国水文地球化学与同位素技术方法研讨会”： 2009 年 8 月 22 日，由中国地质科学院水文地质环境地质研究所和中国地质学会水文地质专业委员会主办，国土资源部地下水科学与工程重点实验室承办的全国水文地球化学与同位素技术法学术研讨会在哈尔滨召开。在为期两天的学术研讨会上，共有来自全国 140 余名专家学者就水文地球化学新进展、地下水及土壤污染问题、地下水循环与演化、水文地质勘察技术与方法、水文地质野外实验技术、水文地球化学信息技术，以及其他水文地质环境地质相关研究领域进行学术交流和研讨。

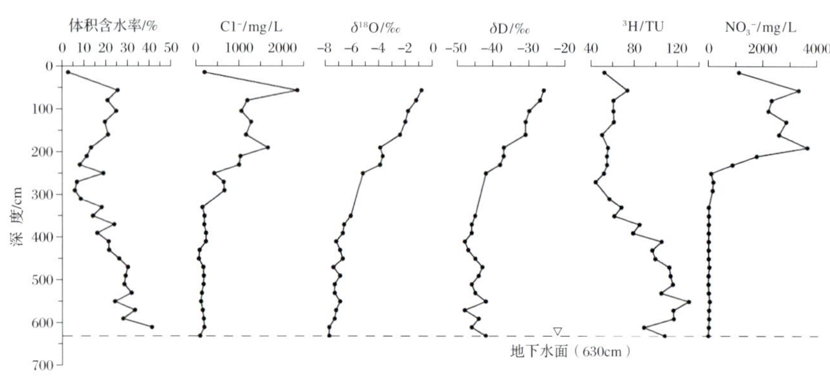

水同位素和水化学剖面

国土资源部新构造运动与地质灾害重点实验室

国土资源部新构造运动与地质灾害重点实验室挂靠地质力学研究所，主要开展以下5个方向的研究:①地应力测量与现今地壳应力场研究,②地表形变监测与地质灾害风险评估与管理研究,③活动断裂与地壳结构演化研究,④构造地貌与第四纪地质环境,⑤新构造与地壳稳定性与国家重大工程地质安全研究。

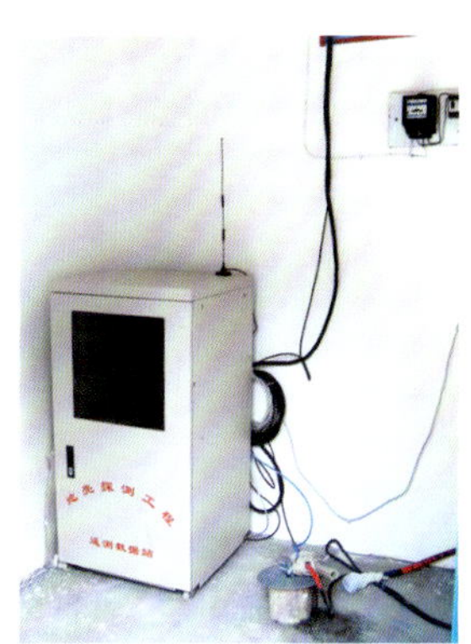

四川宝兴地应力监测台站外观及室内数据采集和通讯设备

2009 年实验室主要成果

2009 年度实验室共承担科研项目 30 余项，其中包括“973”项目 2 项、自然科学基金项目 8 项、科技支撑计划 5 项、深部探测专项 7 项。在核心期刊发表学术论文 73 篇，其中 SCI 检索 13 篇。地应力监测仪器研制获取专利 2项，正在申请专利5项。实验室开展了广泛的学术交流和国际交流活动，2009 年实验室参与筹办李四光星命名仪式暨纪念李四光诞辰 120 周年、李四光地质科学奖成立 20 周年学术研讨会。参与 IAEG 2009 成都年会，并组织 IAEG 新构造运动与地质灾害专委会（C24）工作会议，同来访的美国康奈尔大学 Larry Brown 教授、香港科技大学吴宏伟教授等商讨科研合作意向。

龙门山地震工程地质野外调查人员在彭州小鱼洞大桥遗址前合影

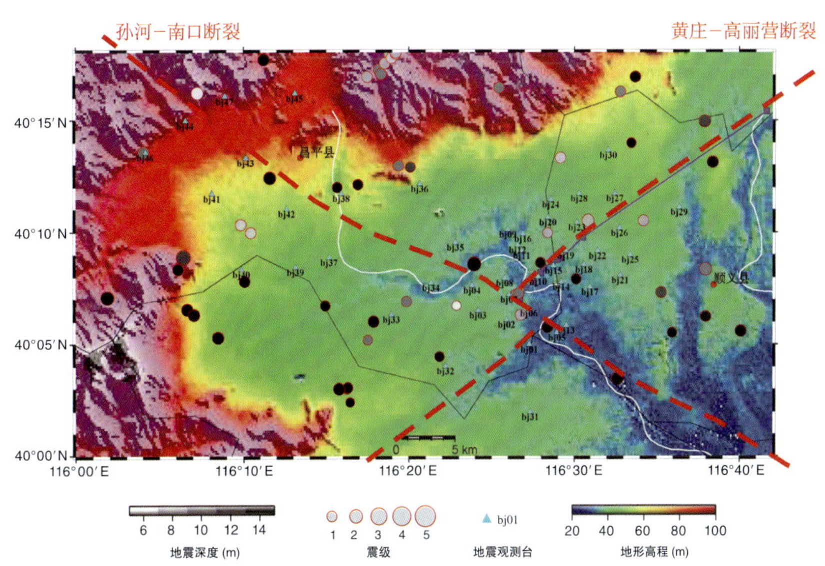

北京地区主要活动断裂微地震监测台网部署图

飞机改装及风洞试验

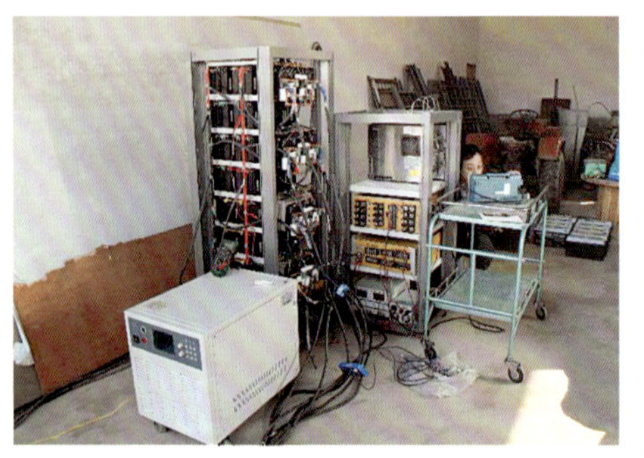
发射系统样机

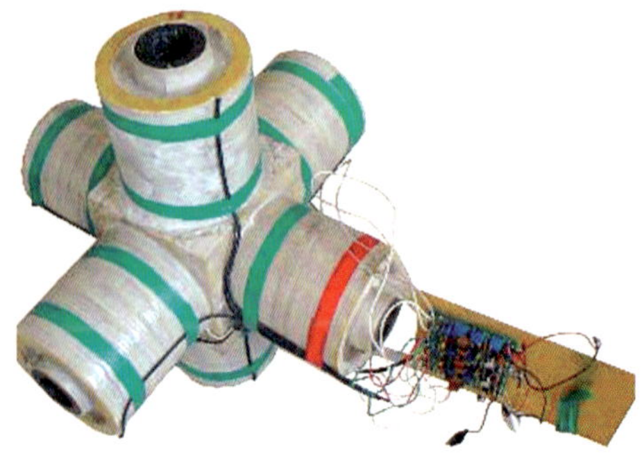
三分量电磁线圈

发射机场地实验

国土资源部地球物理电磁法探测技术重点实验室

国土资源部地球物理电磁法探测技术重点实验室依托中国地质科学院地球物理地球化学勘查研究所，充分利用物化探所现有在方法技术、仪器和软件等方面的创新和开发能力，以高科技手段推动以物探技术为核心的现代地质勘察技术进步，为当前的城市立体地质填图和矿产资源调查提供一系列现代地球物理电磁勘查技术，为承担国家地质调查基础性、公益性、战略性研究任务，研创系列勘查地球物理电磁新方法、新技术、新应用。通过开放、交流，逐渐建立一支从事勘查地球物理应用基础创新研究和地质大调查技术创新支撑队伍。

在承担的国家“863”计划重大项目课题“时间域固定翼航空电磁勘查系统研发”中。截至2009年年底，在关键技术试验成果基础上，开展了地面实验装置、空中样机等的试制、测试、实验，逐步确定空中试验样机的具体技术参数、系统结构等，飞机选型及改装、发射分系统研制、接收分系统研制、实时数据收录监控分系统研制、系统集成及调试实验、数据处理技术研究、二三维正反演研究等子课题的关键技术研究，地面试验装置试制等都取得了实质性的阶段研究成果。已完成Y12IV型飞机1∶8.5模型加工及风洞空气动力学测试，根据计算数据及风洞数据完成了Y12IV改装方案。大磁矩发射地面试验实现了550000Am^{2}磁矩、高灵敏度宽带三分量感应线圈传感器、实时宽带高精度数据采集收录等硬件关键技术取得实质进展。各分系统试制了地面试验装置，并利用所测试、试验平台对原理样机的各项电性能指标进行了检测，对三分量传感器的避振特性等进行了测试。各分系统关键技术指标基本达到设计要求，为进一步研制空中样机奠定了坚实基础。

中国地质科学院应用地球化学重点开放实验室

中国地质科学院应用地球化学重点开放实验室依托中国地质科学院地球物理地球化学勘查研究所，发展应用地球化学基础理论和新方法、新技术，指导区域、国家和全球地球化学填图，为矿产资源勘查与环境评价提供科学技术支撑。

2009 年度主要学术活动

（1）主办了国际地球化学填图会议。2009 年 10 月 10 ~ 12 日，由中国地质调查局主办，中国地质科学院地球物理地球化学勘查研究所承办的国际地球化学填图会议在河北廊坊召开。来自美国、加拿大、澳大利亚、印度、挪威、德国、芬兰、南非、哥伦比亚、墨西哥等 10 个国家的 14 位应用地球化学专家，国内 19 个省地调院、地质环境总站和高校等专家 80 余名代表参加了本次会议。

（2）申报“联合国教科文组织国际地球化学填图研究中心”取得良好开局。2009 年 2 月 17 ~ 19 日在法国巴黎 UNESCO 总部召开的 IGCP 科学执行局第 38 届会议，王学求博士受物化探所委派在会议上做了建立国际地球化学填图研究中心的建议陈述报告。报告陈述后，获得国际地科联和联合国教科文组织国际地球科学计划处（IGCP）的一致支持。联合国教科文组织国际地球科学计划科学执行局将于今年到中国廊坊进行现场考察评估，之后再将这一建议和考察评估报告提交联合国教科文组织进行大使级代表辩论和表决。

承担的国家“863”计划课题，国家科技专项“深部探测”的“地壳全元素探测技术研究与试验示范”项目以及地质大调查项目等取得重要成果：

在河南南阳盆地 400m 盖层的隐伏铜镍矿上方发现纳米级自然铜微粒，在金窝子金矿上方发现纳米级金颗粒。自然金属微粒粒径几至几十 nm 之间，微粒呈团聚体，并呈簇球链排列，簇球链中小球为有序结构结晶物质。这一发现表明，地壳中存在纳米级金属颗粒，暗示纳米级金属颗粒可以富集成矿，并且纳米级金属微粒无论物理性质还是化学性质都极其活跃，可以穿透厚覆盖层迁移至地表。这为深穿透地球化学迁移机理研究和含矿信息精确分离提取提供了重要证据。

国际地球化学填图会议会场

谢学锦院士与挪威地质调查所 Ottesen 博士，地调局庄育勋博士，物化探所韩子夜博士在国际地球化学填图会议上

从事全国地球化学基准值采样工作

实验室技术人员正在实验室分析全国地球化学基准值样品

中国地质科学院生态地球化学重点开放实验室

中国地质科学院生态地球化学重点开放实验室依托单位为国家地质实验测试中心，以生态地球化学为主要研究方向。2009 年该实验室共承担了 19 项国家级科研项目和 4 项地质调查的科研项目。

发表国际 SCI 文章 19 篇，其中第一作者或通讯作者论文 14 篇，非第一作者论文 15 篇。发表国内核心期刊论文 59 篇。

2009 年度重要科技发现及亮点

罗立强研究员在美国丹佛举行的 2009 丹佛 X 射线会议 Denver X-ray Conference（第 58 届 X 射线分析应用大会）会议上作了题为“Distribution and Characteristics of Toxic Elements in Soil and Minerals based on X-ray Analytical Techniques”的特邀口头报告。研究项目“湖泊中长链烯酮不饱和度温标研”被评为中国地质科学院 2009 年度十大科技进展（排名第四）。科技部国际合作重点项目“硅质海绵骨针矿化机制及仿生研究”利用德方先进的仪器设备和技术完成了有关海绵骨针样品的部分实验工作，证实了有机质确实存在于生物硅层中，发现海绵骨针在特定的光照射下可以产生蓝色荧光，这些发现对海绵骨针的生长机制与仿生应用都具有重要的实用价值。科技部国际合作项目“东北重工业城市地球化学环境生态安全监测与修复治理的技术研究”利用含磷物质对被多种金属污染的土壤进行重金属的化学固定作用的研究，并通过分析 Pb，Cu 和 Zn 的存在形态来检验其固定效果。用水提取、植物吸附和模拟的人胃酸性环境中简单的生物可进入性提取实验来评价固定效果，用 X- 射线衍射、电子扫描电镜和化学形态分析程序阐明重金属固定化的可能机理。

吴淑琪等 3 位研究员参加了在南非举行的的“地质分析 2009 国际会议”。罗立强研究员赴美国丹佛参加了第 58 届 X 射线分析应用大会。刘崴助理研究员前往美国佛罗里达大学进行为期 1 个月的土壤修复实验。曹心德博士赴沈阳土壤修复野外现场开展实验。邀请日本产业综合技术研究院学者山下信义、谷保佐知，美国纽约州卫生厅 Kannan K 博士来我中心作讲学及研讨。尼日利亚地质代表团来访。共派出 2 人进行合作研究，同时请进德国有关专家开展学术交流，1 名德国博士生在中心进行了为期 3 个月的学习培训。

香港城市大学副校长林群生（左一）与开放实验室进行学术交流

美国佛罗里达大学学者曹心德博士（左一）与开放实验室合作

赴沈阳地区开展污染土壤修复实验

日本产业技术研究院、美国纽约州卫生厅学者来我中心研讨

中国地质科学院地层与古生物重点开放实验室

中国地质科学院地层与古生物重点开放实验室依托于中国地质科学院地质研究所，主要研究地层与古生物学重大基础问题，解决国土资源调查中的关键地层古生物问题。2009年，实验室共承担科技部、国家自然科学基金、中国地质调查局等各类科研项目32项。实验室全体成员参加了10月在南京召开的“中国古生物学会第十次全国会员代表大会暨第25届学术年会”。本实验室有1人获第六届尹赞勋地层古生物学奖，1人当选中国古生物学会新一届副理事长，1人当选常务理事，2人当选理事，另有1人当选常务理事会副秘书长。此外，多人次参加国际、国内学术会议，并有多项成果在会上进行交流。发表科研论文40余篇，其中作为第一作者或通讯作者的SCI检索论文13篇（包括Nature和Science论文各1篇）。

湖北埃迪卡拉系的微体化石和疑源类化石、华南新元古代宏体化石及其生物地层序列、西藏措勤盆地晚古生代—早中生代古地理格局及其在油气勘探中的意义、西藏海相侏罗系—白垩系界线地层研究、辽宁西部早白垩世亚洲毛兽与哺乳动物中耳结构、翼龙从原始到进步的演化过渡类型——达尔文翼龙的发现、辽西中侏罗世鸟臀类恐龙中发现原始羽毛状结构、辽宁早白垩世大型霸王龙类化石的发现与霸王龙科的起源等。其中“早白垩世哺乳动物亚洲毛兽的发现”、“翼龙从原始到进步的演化过渡类型——达尔文翼龙的发现”两项成果入选2009年度中国地质科学院十大科技进展。

保存有原始羽毛的鸟臀类恐龙——天宇龙生态复原图

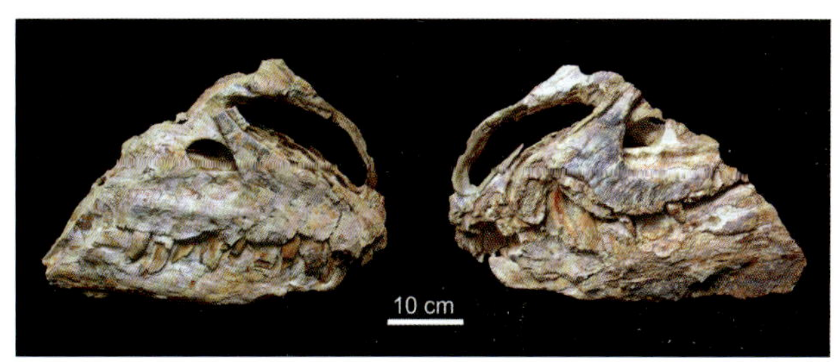

辽西早白垩世大型霸王龙类——中国暴龙头骨化石

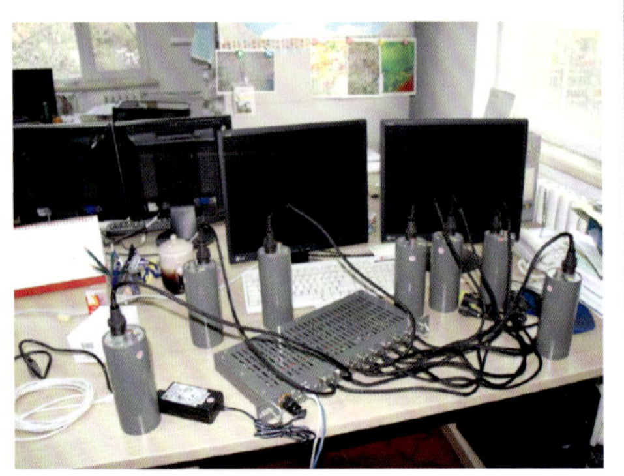

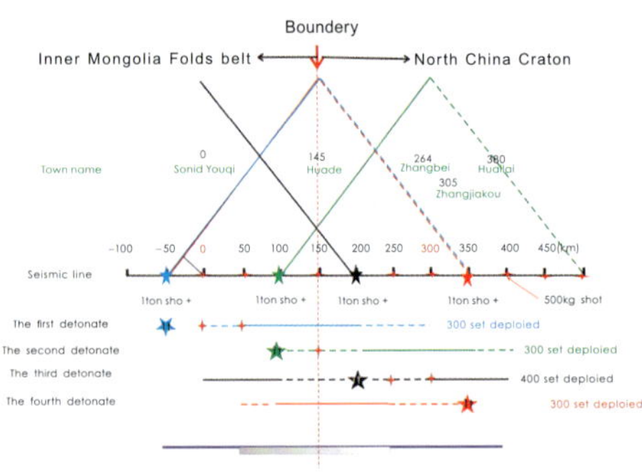

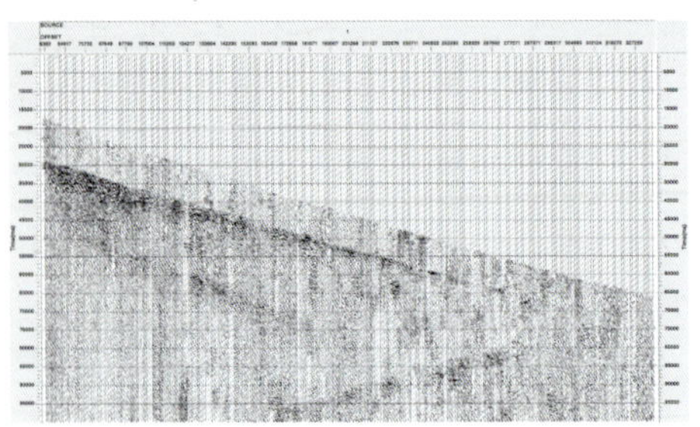

在华北剖面开展了中美合作反射地震与折射地震同震源联合采集技术实验 Sinoprobe-02 华北剖面中美反射－折射联合观测系统（2009）

中国地质科学院深部探测与地球动力学重点开放实验室

实验室主要研究并运用岩石圈地球物理、地球化学方法技术进行深部探测，研究地壳和上地幔物理结构、化学结构、深部构造与地球动力学过程。近年来，对青藏高原、中亚造山带、秦岭造山带、大别造山带、西部盆山结合带、东部庐枞矿集区、松辽盆地等进行了高精度的探测，获得许多科学发现。同时，也探测和揭示了油气、矿产的成矿深部过程。

承担各类项目 26 项，其中，国家专项项目 1 项（5 个课题）、国家基金重点项目 2 项、其他基金项目 4 项、大地调项目 4 项、科技部国际合作项目 1 项、财政部科研项目（课题）1 项、行业基金项目 1 项、所长基金项目 6 项，以及中石化科研项目 2 项。2009 年项目研究经费超过一个亿。

大巴山项目合作荣获院十大科技进展（第二），地调“台海”项目结题被评为“优秀”。开展国际合作项目 6 项，出访 3 人次，接待来访 20 余人次。

发表中文和英文论文 23 篇（中文 15 篇，英文 7 篇），其中 SCI 11 篇（英文 7 篇，中文 4 篇）；参加国际会议 2 次，国内会议多次。发表会议论文摘要 17 篇（国际 24HKT 会议 6 篇、AGU 会议 2 篇、国内地球物理年会 8 篇、青年论坛 1 篇）。

承担国家专项项目深部探测技术实验与集成”（SINOPROBE-02），完成 5 课题的论证。通过招标实施 5 条剖面的深地震反射剖面探测，累计长度 2000km。除青藏羌塘地震反射剖面还在施工外，其余剖面已经完成采集，野外监控处理已经显示取得许多振奋人心的发现。

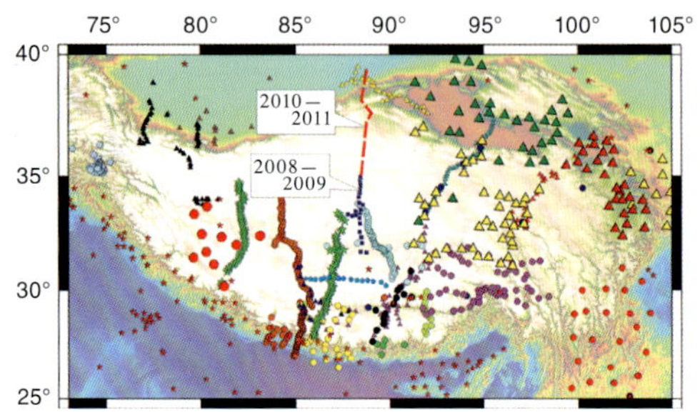

中国地质科学院岩溶生态系统与石漠化治理重点开放实验室

实验室按照工作计划，组织召开了实验室第一次学术委员会会议，批准并实施了3个实验室开放课题。2009年11月22日在广西南宁召开第一届学术委员会成立会议，近20位专家出席了会议，听取并审议开放实验室2008～2009年度工作报告，讨论实验室今后的定位和发展方向，审议2009年开放课题。

2009年，实验室1名研究员参加了克罗地亚的国际岩溶学术会议，4名科技人员分别参加了浙江杭州、深圳、昆明北京等地召开的学术研讨会，均作了学术报告。组织筹办了在南宁召开的中国地质学会岩溶地质专业委员会2009年学术会议"中国岩溶环境的脆弱性及综合防治研讨会"，并组织80多位专家考察了平果果化峰丛洼地生态重建示范基地。

实验室在对广西马山弄拉和平果示范区进行石漠化监测的基础上，加强了桂林会仙岩溶生态研究基地建设工作，其中基地外围公路建设已经完成，基地内道路、科研楼、水电和监测站点等基础设施建设已经开工。此外，还进行了基地的植物篱、生态和药材树种栽培和土壤观测试验研究工作。

发表论文与研究生培养：2009年发表论文18篇，其中，SCI1篇、核心刊物14篇，出版专著2部。其中，2篇论文获中国地质学会2009年学术年会优秀论文奖。

培养在读博士研究生1人、硕士研究生5人。完成了2009年博士研究生考试的出题、阅卷与复试。2010年毕业的研究生完成了论文开题报告，组织1名博士生和4名硕士研究生按时完成了毕业论文的答辩。

龙何下小流域水土流失观测站

火龙果丰收

岩溶水文调查

6 国际合作与学术交流

国务院副总理张德江为 Robert Missotten 博士颁发 2009 年中国政府“友谊奖”

国土资源部党组成员、国土资源部副部长、中国地质调查局局长汪民在西藏拉萨会见俄罗斯地质矿产署署长 Anatoly Ledovskikh

岩溶水文地质与生态国际培训班为学员颁发结业证书

2009 年中国地质科学院执行外事项目总计为 130 项，454 人次，其中派出项目 73 项，191 人次；请进项目 57 项，263 人次。与 2008 年相比，总项目数减少 7 项，总人次增加 7 人次，其中派出项目减少 21 项，派出人数减少 110 人次；请进项目增加 14 项，请进人数增加 117 人次。

2009 年度对外交流与合作数据统计

项目类别	派　出		请　进	
	项目数	人次	项目数	人次
访问考察	12	31	18	55
国际会议	22	58	5	83
合作研究	37	98	29	97
讲　学	1	1	1	8
经　贸	0	0	1	1
短期培训	1	3	3	19
展　览	0	0	0	0
合　计	73	191	57	263

重要外事活动

中国—俄罗斯“青藏高原联合科学考察”：中国地质科学院与俄罗斯地质矿产署所属的全俄地质研究所（VSEGEI）有着长期密切、友好的合作关系。2007年初中国地质科学院代表团应邀参加全俄地质研究所建所125周年庆祝活动期间，双方提出联合开展“双极科学考察”活动（青藏高原第三极和俄罗斯北极地区），并签署了合作意向书。2007年11月，中国地质调查局与俄罗斯地质矿产署签署合作备忘录，再次明确了联合开展“双极科学考察”的内容。

在西藏进行野外地质考察

在西藏进行野外地质考察

应国土资源部党组成员、国土资源部副部长、中国地质调查局局长汪民的邀请，俄罗斯联邦地质矿产署署长列多夫斯基（A. Ledovskikh）于2009年9月5～17日，率俄罗斯地质矿产署代表团一行6人来华考察地球第三极——青藏高原。

在西藏期间，俄罗斯代表团由国土资源部科技与国际合作司副司长孙宝亮、中国地质科学院副院长董树文与西藏自治区国土资源厅领导等陪同，考察了尼洋河与拉萨河的河谷地貌、米拉山口山岳地貌、念青唐古拉山脉、纳木错湖泊地貌、当雄-羊八井地堑、活动断层等地质现象及羊八井地热电站。

2009年9月11日，西藏自治区党委副书记人民政府常务副主席郝鹏会见俄罗斯代表团全体人员。国土资源部科技与国际合作司副司长孙宝亮、西藏自治区国土资源厅党委书记多吉院士与厅长王峻、中国地质科学院副院长董树文及代表团陪同人员参加了会见。西藏电视台报道了会见的新闻。

西藏自治区党委副书记、人民政府常务副主席郝鹏会见并宴请俄罗斯地质矿产署署长Anatoly Ledovskikh率领的俄罗斯代表团一行6人，西藏自治区国土资源厅、西藏自治区地勘局领导参加会见

国土资源部党组成员、国土资源部副部长、中国地质调查局局长汪民在西藏拉萨会见俄罗斯地质矿产署署长 Anatoly Ledovskikh 率领的俄罗斯代表团一行 6 人

国土资源部党组成员、国土资源部副部长、中国地质调查局局长汪民在西藏拉萨会见俄罗斯地质矿产署署长 Anatoly Ledovskikh

俄罗斯代表团考察 5·12 汶川大地震映秀遗址并祭奠遇难者

2009 年 9 月 12 日下午，国土资源部党组成员、国土资源部副部长、中国地质调查局局长汪民在西藏拉萨会见了 Anatoly Ledovskikh 署长一行。汪民介绍了中国地质调查和矿产资源勘查的进展，展望了两国地质科学合作前景。Anatoly Ledovskikh 对汪民邀请俄罗斯同事考察青藏高原表示诚挚的谢意，认为这是难得的机会。他说此次到中国西藏考察收获非常大，亲眼看到了中国的发展和进步，对西藏的发展和现状完全出乎意料，衷心祝愿中国富饶强大，西藏人民生活更加美好。他强调中俄地质工作者的友谊源远流长，在资源、地学领域合作空间巨大，俄罗斯与中国资源互补，将会为中国提供更多的能源和矿产资源。Anatoly Ledovskikh 热情地邀请汪民和中国地质科学家明年到俄罗斯考察访问。

俄罗斯代表团在华考察得到了国土资源部与西藏自治区人民政府、西藏国土资源厅、西藏地勘局、四川省国土资源厅的高度重视和热情接待，取得了圆满成功。

俄罗斯代表团考察青藏高原，是中俄“双极联合科学考察”计划的一部分，对拓宽中俄地球科学、矿产资源领域合作，促成我国地质科学家考察俄罗斯北极地区具有现实而深远价值，在我国全球资源战略布局中具有开拓性意义。

接待联合国教科文组织助理总干事沃尔特·埃德伦博士考察内蒙古克什克腾世界地质公园：2009年7月底，联合国教科文组织助理总干事沃尔特·埃德伦博士（Dr. W. Erdelen）应水利部邀请专程来华出席联合国教科文组织国际泥沙研究培训中心25周年庆典活动。应中国常驻UNESCO代表团的要求，并受国土资源部委托，中国IGCP全委会和中国地质科学院安排接待了埃德伦博士和联合国教科文组织北京办事处代表辛格先生及夫人，于2009年7月30～31日赴内蒙古考察克什克腾世界地质公园。

埃德伦博士作为联合国教科文组织高级官员和世界地质公园最高级别组织者和管理者，此行是第一次考察中国的世界地质公园，主要考察了克什克腾世界地质公园博物馆与阿斯哈图花岗岩石林园区，此次考察给他留下了深刻印象。埃德伦博士指出，中国已成为世界地质公园建设的全球典范，希望以中国取得的成就为标杆，促进世界地质公园在全球范围内尤其是在美洲与非洲的建设与发展。

此外，他建议在将于2012年在澳大利亚举行的第34届国际地质大会上，组织世界地质公园的展览，展示全球地质公园建设的成就，让更多的国家和地区参与地质公园事业的发展，让更多的公众了解地球科学、更好地保护地质遗迹，希望中国能在展览中发挥中坚作用。

在内蒙古克什克腾世界地质公园博物馆前合影

考察花岗岩峰林地貌

参观克什克腾世界地质公园地质博物馆

在内蒙古克什克腾世界地质公园合影

中国地质科学院副院长董树文与全俄地质研究所所长 Oleg Petrov（左）交谈

李廷栋院士作报告

野外地质考察

野外地质考察

国际科技合作项目年度进展

亚洲北－中－东部三维地质结构及成矿规律研究国际合作项目

（1）"亚洲北－中－东部三维地质结构及成矿规律研究国际合作项目工作会议"："亚洲北－中－东部三维地质结构及成矿规律研究国际合作项目工作会议"于 2009 年 6 月 22 ~ 28 日在俄罗斯圣彼得堡召开。中国、俄罗斯、蒙古和韩国代表共 55 人参加了会议。以董树文副院长为团长、李廷栋院士为副团长的中国代表团一行 8 人与会，会议分两个阶段。

第一阶段（2009 年 6 月 22 ~ 23 日）：针对 2007 年 12 月在中国海南三亚召开的"1∶250 万亚洲中部及邻区地质图系"合作编图项目第六次工作会议上决定的项目第二阶段（即：亚洲北－中－东部三维地质结构及成矿规律研究国际合作项目）各课题研究内容，交流研究进展情况与初步研究成果，安排今后工作日程。

会上，中方代表团团长董树文副院长作了《关于中国项目组的工作进展及初步成果》的报告，对第二阶段合作研究的 5 个课题与继续编制的 5 张专业图等各项进展情况及取得的初步成果，作了系统介绍。耿树方研究员、陈炳蔚研究员和任留东研究员分别作了《对"亚洲滨太平洋构造带的中生代构造－岩浆活动及成矿响应"课题初步研究的认识》、《中国南部大地构造格架及有关问题的新认识》和《大兴安岭南段部分矿区蚀变特征的初步研究》的报告。李廷栋院士负责召集与会 4 国关于第一阶段编图说明书有关问题的解决办法和"工作日程安排"等方面的讨论会；范本贤研究员与俄、蒙代表共同研讨了完善编图数据库等问题。

第二阶段（2009 年 6 月 24 ~ 28 日）：4 国代表共同考察了拉多加湖北岸索尔塔瓦拉地区（约北纬 62°）早前寒武纪地质与成矿特征。在为期 5 天的野外考察中，实地考察了 16 个地质、矿产观测点，其中既包括基础地质的古元古代 — 中元古代变质岩、变质火山岩、基性岩、花岗岩、伟晶岩，也包括与上述岩浆作用相伴随而形成的有关矿产：矽卡岩型铁、铜、铅锌矿，伟晶岩型稀有金属矿产，以及大理岩、辉长岩等建筑石材。

经过4国代表的充分讨论和协商，由4国团长共同签署了《会议纪要》。《会议纪要》对各国在过去18个月完成的研究工作表示满意，对第一阶段的成果出版日程安排达成了共识。与会代表一致认为：会议不仅交流了初步成果、明确和落实了今后工作计划，而且更进一步体验到4国共同打造的国际合作“协调计划、分工实施、资金共助、资料共用、成果共享”的模式，越来越显示出极大的优越性和生命力。会议决定，下届工作会议于2010年在韩国召开。

2009年6月28日，中方代表团团长中国地质科学院副院长董树文与俄罗斯联邦地质矿产署署长列多夫斯基（A.Ledovskikh）举行会谈，转达了国土资源部副部长汪民的问候，并落实了中俄两国联合进行“双极科学考察”的计划。

（2）赴俄罗斯科雷马（Kolyma）地区进行野外地质考察：2009年7月13～24日，中国地质科学院地质研究所薛怀民研究员和曾令森研究员与俄罗斯全俄地质研究所以V. I. Shpikermam为首席研究员的研究小组一行8人对俄罗斯Kolyma地区的岩浆岩和矿床进行了考察，主要目的是评估Verhojano-Kolyma增生碰撞带与Ohotsk-Chukotka火山带结合部的成矿潜力。

Kolyma地区Dukat银矿及蚀变岩

野外地质考察

各代表团团长在签署《会议纪要》后握手祝贺会议圆满成功

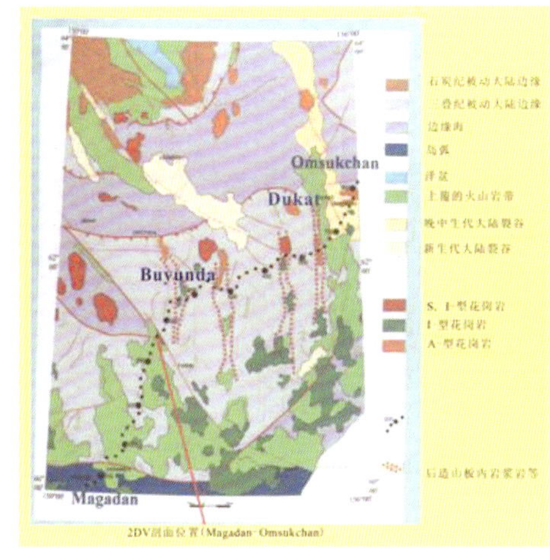

Kolyma地区地质简图与考察路线

与会代表合影留念

野外考察路线沿由 Magadan 到 Omsukchan 的 2-DV 地球物理剖面的走向，该剖面大致呈对角贯穿 Verhojano-Kolyma 增生碰撞带与 Ohotsk-Chukotka 火山带结合地区。野外考察主要集中在 Dukat 大型银矿、Buyunda 地区及 Magadan 花岗岩。另外，作为考察的一部分，出访人员还参观了位于 Magadan 市的俄罗斯科学院远东综合研究所的地质博物馆。

（3）俄罗斯地质学家到长江中下游地区进行野外地质考察：2009 年 10 月 15 ~ 24 日，俄罗斯全俄地质研究所 V. I. Shpikermam 和 A. A. Alenicheva 两位研究员在地质研究所薛怀民研究员的陪同下，赴我国长江中下游地区开展了为期 10 天的考察，考察主要集中在庐枞地区、铜陵地区和宁芜地区。

在庐枞地区主要考察了橄榄玄粗岩系列的火山岩 / 潜火山岩、龙桥沉积叠加改造型铁矿床以及新发现的泥河玢岩型铁矿（岩心）；在铜陵地区主要考察了中酸性侵入岩、冬瓜山铜矿（−900m 井下）及其地表的狮子山铜矿采坑遗址、新桥硫铁矿。其中冬瓜山铜矿中纹层状结构发育，部分学者认为它是海底喷硫成因的证据；在宁芜盆地主要考察了盆地内的火山岩、梅山铁矿和凹山铁矿。考察结束后，中国地质科学院副院长董树文会见了俄罗斯科学家。

大会会场

1∶500 万国际亚洲地质图第四次工作会议在京召开：2009 年 10 月 24 ~ 27 日，“1∶500 万国际亚洲地质图编制”项目在京召开了第四次国际工作会议。世界地质图委员会主席、国际地科联副主席、世界地质图委员会秘书长、国际古生物协会副主席、世界地质图委员会副主席兼中东分会负责人以及来自亚欧 14 个国家的地质学家、GIS（地理信息系统）专家、数字制图专家共 80 多人出席了会议。

会议期间，与会人员就图例、数据库、接图、说明书和后期合作等问题展开了讨论，各方代表积极发言，最终达成共识。各方均表示要积极合作，在年底前提供最新修改和补充数据，在 2010 年世界地质图委员会理事会议上展示新版草图。同时，各方也一致认为 1∶500 万国际亚洲地质图项目建立起了良好的国际合作平台，希望在这一平台基础上，继续开展各领域的双边、多边国际合作，共同努力提升亚洲地质的研究水平。

世界地质图委员会秘书长 Cadet 教授致辞

会议代表合影

国际科技合作重点项目“典型地学景观形成背景国际对比研究”通过科技部验收：2009 年 12 月 15 日，科技部组织专家在北京召开会议，对国际科技合作重点项目“典型地学景观形成背景国际对比研究”进行了结题评审验收。专家组认真听取了董树文研究员汇报项目的执行情况报告，查阅了项目提交的成果资料，认为项目按计划开展了国际科技合作与学术交流，完成了各项工作任务，取得大量宝贵的观测资料和创新成果，实现了预期工作目标，项目顺利通过结题验收。

国际学术会议

国际地球化学填图会议：2009 年 10 月 10 ~ 12 日，由中国地质调查局主办，中国地质科学院地球物理地球化学勘查研究所（简称物化探所）承办的国际地球化学填图会议在河北廊坊召开。国土资源部科技与国际合作司、中国地质调查局、中国地质科学院和物化探所等有关领导出席会议。来自美国、加拿大、澳大利亚、印度、挪威、德国、芬兰、南非、哥伦比亚、墨西哥共 10 个国家的 14 位应用地球化学专家，国内 19 个省地调院、地质环境总站和中国地质大学（北京）等高校的专家 100 余名代表参加了本次会议。

这次会议旨在展示各国地球化学填图的新进展，交流各国地球化学填图的经验，探讨地球化学填图未来的发展方向，重点研讨世界河流地球化学填图的采样代表性及具体的实施方案。会议期间，参加会议的代表参观了物化探所，并组织部分代表赴江苏、上海等地的采样点进行野外现场考察。

谢学锦院士作报告

中外专家在长江口考察

大会会场

第三届国际地质公园发展研讨会成功举行，会议期间召开联合国教科文组织世界地质公园网络执行局会议和亚洲－太平洋地区地质遗迹与地质公园网络会议：

（1）第三届国际地质公园发展研讨会：由国土资源部科技与国际合作司和地质环境司、山东省国土资源厅、联合国教科文组织、中国联合国教科文组织全国委员会、国际地质科学联合会地质遗产北京办公室、泰山世界地质公园管理委员会、中国地质科学院、中国国际地学计划全国委员会共同主办的第三届国际地质公园发展研讨会于2009年8月23～25日在山东省泰安市举行。来自12个国家和地区的近300名代表参加了研讨会。这是我国第三次举办国际地质公园发展研讨会，会议的主题是地质遗迹保护与合作。

8月23日上午，研讨会举行了隆重的开幕仪式。国土资源部党组成员、副部长兼中国地质调查局局长汪民，山东省人民政府副省长郭兆信，联合国教科文组织世界地质公园协调人、世界地质公园网络执行局成员玛格丽特·帕扎克女士，国际地科联主席阿尔伯特·里卡迪等出席开幕式并致辞。原地矿部副部长、国际地科联上届主席张宏仁教授出席开幕式。

开幕式上，玛格丽特·帕扎克女士宣布了世界地质公园5名新成员，包括中国阿拉善沙漠和秦岭－终南山2家世界地质公园，日本北海道有珠山、新潟系鱼川和长崎县岛原半岛等3家世界地质公园。迄今为止，中国已有22家世界地质公园。

研讨会取得了丰硕的学术成果，出版了1本论文集，收集境内外论文75篇，共有40位代表作了口头发言，举办了地质公园展览，近20家地质公园共提供展板80块。此外，还组织与会代表进行了会间泰山世界地质公园和会后野外地质考察。

开幕式主席台

国土资源部副部长汪民在研讨会开幕式上讲话

研讨会秘书长董树文宣布研讨会议程

联合国教科文组织世界地质公园网络执行局成员玛格丽特·帕扎克女士在开幕式上致辞

国际地质科学联合会主席阿尔伯特·里卡迪在开幕式上致辞

研讨会会场

参观泰山世界地质公园地质博物馆

野外地质考察

开幕式主席台

（2）联合国教科文组织世界地质公园网络执行局会议：会议期间，根据联合国教科文组织生态地学部（IGCP 秘书处）的要求，召开了联合国教科文组织世界地质公园网络（GGN）执行局会议和亚太地区地质遗迹与地质公园网络会议。

8 月 22 日，联合国教科文组织世界地质公园网络（GGN）执行局会议召开，9 名执行局成员出席会议。会上评审、通过了由日本和中国申报的共 5 家世界地质公园；对世界地质公园中评估情况进行了汇报和讨论；商定将于 2010 年在马来西亚兰卡威召开第四届世界地质公园大会相关事项；探讨世界地质公园网络未来发展战略及与区域地质公园网络合作等事宜。

会议期间，执行局委员还听取了董树文研究员有关科技部国际科技合作重点项目“典型地学景观形成背景国际对比研究”的汇报，对中国科学家在地学景观国际对比研究方面作出的突出成绩给予了高度评价。

（3）亚洲-太平洋地区地质遗迹与地质公园网络会议：8 月 23 日下午亚洲-太平洋地区地质遗迹与地质公园网络顾问委员会非正式会议召开。会议由 I.Komoo 教授（马来西亚）主持，顾问委员会成员参加会议，联合国科教文组织世界地质公园网络执行局协调人玛格丽特·帕扎克女士和欧洲地质公园网络协调人 M·帕特里克应邀出席会议。会议对亚太地区地质遗迹与地质公园网络章程等（讨论稿）进行讨论，达成共识。

成功承办 2009 年北京探月与地学科学研讨会：由中国地质科学院具体承办的探月与地学科学研讨会于 2009 年 6 月 15 ~ 19 日在北京成功召开。来自美国华盛顿大学（圣路易斯）、布朗大学、圣母大学、霍普金斯大学的 7 位专家教授与日本月光女神探月首席科学家，围绕美国、日本、印度近期探月动态及最新研究成果作了 15 个精彩的学术报告。来自国土资源部、地调局、航天局、国家探月工程中心、中科院、教育部、测绘局、地震局、民政部及香港、澳门相关院校的百余位中方专家学者参加了研讨会，30 余位专家分别作 34 个学术报告。新华社等多家媒体对会议进行了宣传报道。

中外科学家的学术报告基本反映了国际探月科学研究的最新进展及中国月球与行星科学研究动态。会议学术交流主题包括：①行星探测与行星科学；②月球遥感与月球地质；③月球地球化学与月岩样

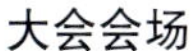

大会会场

会议中方召集人赵文津院士作学术报告

会议外方召集人、美国华盛顿大学（圣路易斯）王阿莲教授介绍外方专家

品研究；④月球地球物理；⑤当前月球探测动态；⑥未来月球与行星探测计划。会议期间，中外科学家还围绕中国探月与行星科学研究进行座谈并提出相关建议。

组织承办 IGCP-516 项目“东亚和南亚的地质解剖：东特提斯的古地理和古环境”第五次国际学术研讨会：由中国 IGCP 全委会、国家自然科学基金委员会、中国地质科学院地质研究所联合筹办的 IGCP-516 项目“东亚和南亚的地质解剖：东特提斯的古地理和古环境”第五次国际学术研讨会于 2009 年 10 月 22 ~ 30 日在云南昆明举行。来自菲律宾、日本、印度尼西亚、俄罗斯、英国、波兰、泰国、伊朗、缅甸、中国（包括台湾地区）共计 10 个国家的 35 位代表参加。会议共收到摘要 35 篇、全文 3 篇，经过两轮修改，收入会议摘要集。摘要集以《地球学报》增刊的形式于会前正式发表。

会议还组织了两条野外地质考察，分别为主题是“晋宁运动以来扬子地台的沉积序列——以昆明以东和以南地区为例”的会前野外地质考察和赴哀牢山构造带及其邻近地区的会后野外地质考察。

IGCP-516 项目第五次国际学术研讨会召集人金小赤研究员宣布研讨会开幕

会间学术讨论

会议野外地质考察

国际岩溶研究中心（IRCK）年度工作进展

向国际地学界积极宣传介绍国际岩溶研究中心：为了向国际地学界及时、广泛宣传介绍国际岩溶研究中心，经中国 IGCP 全委会积极协调，应 IGCP 秘书处邀请，2009 年 2 月 18 ~ 20 日以中国地质科学院副院长、中国 IGCP 全委会秘书长董树文为团长、中心主任姜玉池研究员、中心学术委员会主任袁道先院士和中心秘书曹建华研究员为成员的 IRCK 代表团赴巴黎出席 IGCP 科学执行局第 37 次会议。

代表团成员在会议期间作了有关 IRCK 2008 年进展及 2009 年工作计划的报告；积极与 UNESCO 水资源部、国际水资源科学计划（IHP）官员接触，交流了各自研究计划和科学活动，就共同关注的岩溶地区水资源评价、保护和科学研究达成共识，商谈了合作意向。

代表团分别于会前、会后访问考察了瑞士纳沙泰尔大学水文地质研究中心（CHYN）和奥地利格拉茨水资源管理水文地质和地球物理研究所（WRM），学习借鉴其先进的研究体制，了解学科重要发展趋势，签署合作谅解备忘录。

袁道先院士就 IRCK 成立及运行作评述性发言

曹建华博士代表 IRCK 主任姜玉池作 IRCK 2008 年进展及 2009 年工作计划报告

参观奥地利格拉茨水资源管理水文地质和地球物理研究所同位素实验室

姜玉池主任代表 IRCK 与瑞士纳沙泰尔大学水文地质研究中心签署谅解备忘录

IRCK 代表团与国际水文计划（IHP）水科学部项目专家 Alice Aureli（左二）及中国常驻 UNESCO 代表团科技一秘洪天华（中）

开办岩溶水文地质与生态国际培训班：2009 年 11 月 8 日～ 12 月 4 日，由国际岩溶研究中心承办的商务部“岩溶水文地质与生态国际培训班”在广西桂林举行。来自印度尼西亚、越南、埃塞俄比亚、乌干达、罗马尼亚、印度、肯尼亚、秘鲁等 8 个国家 17 名学员参加了培训。这是国际岩溶研究中心成立以来承办的第一个培训班。国土资源部、中国地调局、中国地质科学院、广西壮族自治区科技厅均对此项目非常重视，派代表出席了开班仪式。

培训内容主要包括岩溶动力学、岩溶水文地质与岩溶生态 3 个方面，组织形式上主要为讲学（基础理论及案例分析）、野外实践、对比考察。培训班不仅邀请了来自国内优秀的科研院所、大学及生产第一线的岩溶专家，还邀请了来自加拿大、美国、奥地利、澳大利亚、波兰、斯洛文尼亚和塞尔维亚等 7 国的 9 名国际著名岩溶学者加入培训班讲师团，并就斯洛文尼亚、奥地利、加拿大、美国和波兰的岩溶以及与岩溶相关的国际地质对比计划、中美岩溶研究合作项目、自然遗产地与岩溶环境保护等多方面，从全球视野认识岩溶动力系统概念与相关理论，以及资源环境问题与对策。

岩溶水文地质与生态国际培训班开幕式合影

结业式合影

室内授课

来自奥地利格拉茨水资源管理研究所 Ralf Benischke 教授在广西桂林毛村讲解地下水示踪技术与方法

游览漓江风光

学员之间相互帮助了解监测仪器的使用方法

IRCK 第一届理事会第二次会议会场

联合国教科文组织生态与地球科学部地学主管、国际地学计划秘书长 Robert Missotten 博士（右）发言

召开中心第一届理事会第二次会议：2009 年 12 月 5 日国际岩溶研究中心第一届理事会第二次会议在桂林召开。受理事长汪民的委托，国土资源部科技与国际合作司司长、中心理事会理事姜建军主持会议，联合国教科文组织生态与地球科学部地学主管、IGCP 秘书长 Robert Missotten 致辞，中心主任姜玉池报告了 2009 年度中心工作，中心副主任曹建华、秘书长章程分别介绍了中心研究进展和发展规划。会议审议并原则通过了中心 2009 年工作及 2010 年工作计划报告、中心 2010 ~ 2015 年发展规划。各位理事对中心的建设、科学研究与组织管理提出建议和意见，特别关注未来 5 年中心人才队伍建设和优先领域。理事们一致认为中心成立 1 年的发展，在组织建设、科学研究、人才培养、国际学术交流与运行条件改善等方面均取得了较好的进展，希望中心通过自身的努力以及中国政府和联合国教科文组织的支持实现持续发展。另外，会议决定今后理事会会议每 2 年举办 1 次，其中的 1 年为通讯审议，由中心主任书面向联合国教科文组织和理事会主席及全体理事报告工作。

IRCK 第一届理事会第二次会议与会代表合影

召开中心第一届学术委员会第一次会议：2009 年 12 月 3 日，中心召开了第一届学术委员会第一次会议。中心学术委员会作为中心学术审议、决策与咨询机构，它的成立对提高中心科研水平和服务社会能力，实现中心“立足国内，面向世界，创新理论，服务经济”的方针，具有重要意义。来自于国内外的 31 位委员参加了此次会议，另有 10 余位岩溶地质专家与学者应邀列席会议。会议选聘了中心学术委员会副主任 2 名。

会议审议并通过了学术委员会章程，学术委员会的专家认真审阅“中心发展规划（2010 ~ 2015 年）”并提出了修改意见，如进一步细化工作内容与活动，形成路线图、设立下属专题委员会或工作组、增加预算部分、加强同国内与岩溶密切相关研究机构的联系与合作等。

IRCK 学术委员会 2009 年年度会议与会代表合影

董树文秘书长在国际地球化学填图会议上宣布中国 IGCP 全委会全力支持申报建立中心的建议

各国专家讨论成立全球地球化学填图中心

中国地球化学系列图册

策划并推动向教科文组织申请在中国廊坊建立国际地球化学填图研究中心（二类中心）

1988～1998 年 IGCP 批准实施完成了两项地球化学填图的项目，即 IGCP-259 项目“国际地球化学填图”和 IGCP-360 项目“全球地球化学基准”。中国地质科学院地球物理地球化学勘查研究所谢学锦院士作为这两个项目的指导委员会委员和分析技术委员会主席，与国际工作组合作，创建性地完成了项目的研究工作，其研究成果得到国际同行的高度认可。中国降低检出限至地壳丰度以下的作法起了示范作用，这一思想已被 IGCP-259 项目所接受，并被认为这是产生高质量地球化学填图的重要条件。中国的标准样及数据质量监控系统已被 IGCP-259/360 项目采纳，被认为是取得全球可对比数据的有力措施。泛滥平原沉积物已被许多国家认为是本国极低密度采样的最佳采样介质。IGCP-259/360 国际工作组负责人 A. G. Darnley 曾对中国的工作评价说“…… 中国取得的进展比世界任何国家都多 ……”。

为推动全球地球化学填图的发展，近年来中国正开始新一轮全国性地球化学填图，包括多目标地球化学填图、76 种元素地球化学填图、全国地球化学基准值等，以显示地球化学填图在解决资源与环境重大问题上日益扩大的作用。可以说我国地球化学填图工作已经走在世界的前列。为实现“地球科学为社会服务”的宗旨，中国有能力也有必要建立国际地球化学填图研究中心。

为此目的，谢学锦院士在 2008 年提出了建立“国际地球化学填图研究中心”的想法。中国 IGCP 秘书长、中国地质科学院副院长董树文多次听取谢学锦院士的设想和意见。2009 年 7 月在陪同 UNESCO 科学助理总干事 Erdelen 博士考察克什克腾世界地质公园期间，正式提出申报国际地球化学填图研究中心的动议，Erdelen 博士非常支持，并建议与 2011 年“联合国化学年”活动结合。2009 年 9 月 28 日利用 Missotten 秘书长来京参加“友谊奖”颁奖活动的机会，刘敦一研究员和谢学锦院士向 Missotten 提出了在中国廊坊建立国际地化填图研究中心的设想。2009 年 10 月 10 日在廊坊召开的国际地球化学填图会议开幕式上，中国 IGCP 全委会董树文秘书长代表全委会致辞，宣布全委会将全力支持谢学锦院士建议在廊坊建立教科文组织二类中心 —— 国际地球化学填图研究中心。这一建议也得到了与会 10 个国家的 14 位外国专家的赞同和响应。

联合国教科文组织生态地学部地学主管、国际地学计划（IGCP）秘书长 R. Missotten 博士荣获 2009 年度中国政府“友谊奖”

经国家“友谊奖”评审委员会评审并报请国务院批准，由中国地质科学院推荐、国土资源部申报的联合国教科文组织生态与地球科学部地学主管、国际地学计划（IGCP）秘书长 Robert Missotten 教授荣获 2009 年度中国政府“友谊奖”，这是由中国地质科学院推荐的第九位获此殊荣的外国专家。

国务院副总理张德江为 Robert Missotten 博士颁奖

R. Missotten 教授自 2005 年担任教科文生态地学部地学主管和 IGCP 秘书长以来，对中国的 IGCP 科学活动，特别是对中国申请在桂林建立由教科文赞助的国际岩溶研究中心（IRCK）和中国申报世界地质公园工作，倾注了大量心血，为中心的申报成功和顺利启动运行，以及中国地质公园的发展作出了突出贡献。

2009 年恰逢新中国成立 60 周年，应国家外国专家局局长季允石的邀请，Missotten 教授于 2009 年 9 月 28 日～10 月 2 日专程来京，参加了 2009 年度中国政府“友谊奖”颁奖大会，国务院副总理张德江为其颁发证书；受到国务院总理温家宝等国家领导人的接见，并应邀出席国庆 60 周年各项庆祝活动。

国务院总理温家宝与 2009 年度中国政府“友谊奖”获奖专家合影

中国地质科学院科学家在国际学术机构任职情况

姓名	职称	学术组织名称	职务	起止年限
曹建华	研究员	国际水文地质学家协会 岩溶水文地质专业委员会	委员	2009 年至今
丁悌平	研究员	国际纯化学和应用化学联合会无机化学部	执行委员	2007 ~ 2011 年
董树文	研究员	联合国教科文组织国际地球科学计划（IGCP）	科学执行局委员，地球深部学科组组长	2004 年至今
高锦曦	研究员	国际大陆科学钻探委员会	执委会委员	2004 年至今
何师意	研究员	国际水文地质学家协会 岩溶水文地质专业委员会	委员	2009 年至今
侯增谦	研究员	国际应用矿床地质学会	副主席	2009 ~ 2011 年
姜光辉	副研究员	国际水文地质学家协会 岩溶水文地质专业委员会	副主席	2009 年至今
金小赤	研究员	国际地层委员会石炭系分会	投票委员	2004 年至今
		联合国教科文组织国际地球科学计划（IGCP）	科学执行局委员	2009 ~ 2012 年
罗立强	研究员	X-Ray Spectrometry	副主编	2003 年至今
		Journal of Radioanalytical and Nuclear Chemistry	副主编	2006 年至今
毛景文	研究员	国际矿床成因协会	副主席	2004 年至今
		国际矿床地质学会	理事	2001 年至今
		《矿床地质论评》	副主编	2002 年至今
聂凤军	研究员	《日本资源地质》	资深编委	2007 年至今
		联合国教科文组织国际地球科学计划（IGCP）	科学执行局委员	2009 ~ 2012 年
裴荣富	院士	国际矿床成因协会大构造与成矿专业委员会	副主席	1993 年至今
		国际矿床成因协会矿物共生专业委员会	副主席	1995 年至今
任纪舜	院士	世界地质图委员会（CGMW）	副主席	2004 年至今
王学求	研究员	国际应用地球化学家协会	理事	2004 年至今
		全球地球化学基准委员会	联合主席	2008 年至今

续表

姓名	职称	学术组织名称	职务	起止年限
肖序常	院士	国际岩石圈委员会－喜马拉雅区（ILP-CC-1）	副主席	2002 年至今
谢学锦	院士	国际地球化学填图计划指导委员会	委员	1998 年至今
		全球地球化学基准委员会的分析委员会	委员	2008 年至今
许志琴	院士	发展中国家科学院	院士	2007 年至今
杨经绥	研究员	国际大陆科学钻探委员会	专家组成员	1998 年至今
尹崇玉	研究员	国际地层委员会新元古代地层分会	投票委员	2008 ~ 2012 年
尹　明	研究员	《Journal of Geostandards and Geoanalysis》	编委	2006 年至今
袁道先	院士	国际水文地质学家协会岩溶水文地质专业委员会	委员	1983 年至今
章　程	研究员	国际水文地质学家协会岩溶水文地质专业委员会	委员	2009 年至今
张荣华	研究员	《国际材料科学》	编辑	2006 年至今
		国际矿床成因协会工业矿物岩石委员会	副主席	1994 年至今
郑绵平	院士	国际盐湖协会	副主席	1994 年至今
		《国际盐湖体系》	编委	2006 年至今
朱祥坤	研究员	国际同位素与原子量委员会	委员	2005 ~ 2011 年

注：表中人名以汉语拼音为序。

7 研究生教育与博士后工作

2009 年中国地质科学院在 8 个博士学位授权专业的 54 个研究方向招收博士生 35 名，在 11 个硕士学位授权专业的 59 个研究方向招收硕士生 41 人，完成了教育部下达的研究生招生计划，并增加招收硕士生 1 名。2009 年，在校生总人数为 243 人。

迎新生·庆中秋联欢会

2009 年度研究生招生方向

（1）分析化学：金属矿床年代学，“环境友好”分析技术与方法，分析方法不确定度及标准物质研究；

（2）固体地球物理学：地震勘测，大地构造与古地磁学，岩石磁学与环境磁学；

（3）矿物学、岩石学、矿床学：火山岩岩石学，变质岩石学，矿床学及矿床地球化学，成矿规律与资源评价，矿床成因与矿田构造，行星矿物学，大陆成矿作用，超高压变质演化，中国西部造山带花岗岩成因及构造响应，岩浆活动与金属成矿作用，沉积成矿研究；

（4）地球化学：同位素年代学，矿物原位微区结构成分分析研究，勘查地球化学，应用地球化学，生物地球化学，生态环境地球化学，岩溶生态环境；

（5）古生物学与地层学：中生代爬行类（含鸟类）化石研究，震旦纪后生动物特征及其演化，岩相古地理，沉积盆地分析，生物地层学和古地理学，含油气盆地分析，储层沉积学；

（6）构造地质学：火山－沉积序列，盆山接合带和造山带地质，遥感地质，陆内造山与成矿，区域地质及区域矿产，地质制图及 GIS 应用，流变学，盆地构造与油气资源预测，燕山运动及大地构造意义，构造应力场与数值模拟，花岗岩与大地构造，大

研究生野外实习

研究生野外实习

陆古造山带研究，构造地质与变质岩石学，大地构造与矿床成因类型，矿田构造和区域构造，国家重大工程区新构造；

（7）第四纪地质学：第四纪环境，地质公园；

（8）矿产普查与勘探：大比例尺成矿预测与勘探，构造岩浆活动与成矿作用，盐湖学与盐类综合利用，金属矿床成矿和合理地质勘查，成矿规律与成矿预测；

（9）地球探测与信息技术：电磁法应用研究，重磁数据处理，矿产评价，深部资源探测，地震勘测；

（10）地质工程：地质灾害，地下水信息系统，水文地质环境地质调查评价信息化，环境工程地质，区域地质环境演化，人类活动地质环境效应，水循环与水土资源利用，地下水同位素水文学，岩溶生态学，岩溶地下水污染与防治，岩溶工程地质；

（11）矿物加工工程：矿物加工技术，沸石分子筛吸附催化性能研究。

2009年研究生分专业招生情况

专业名称	博士生录取人数	硕士生录取人数
分析化学		3
固体地球物理学		3
矿物学、岩石学、矿床学	9	8
地球化学	2	3
古生物学与地层学	1	4
构造地质学	8	11
第四纪地质学	0	0
矿产普查与勘探	4	1
地球探测与信息技术	4	1
地质工程	7	7
矿物加工工程		0
总　计	35	41

2009 年研究生毕业与授予学位情况

2009 年，中国地质科学院 73 名研究生通过论文答辩，毕业博士生 33 人，硕士生 40 人，院学位评定委员会于 6 月 18 日和 12 月 14 日两次审议通过授予 34 名研究生博士学位，39 名研究生硕士学位。

2009 年研究生分专业毕业及授予学位情况

专业名称	毕业生数		授予学位数	
	博士	硕士	博士	硕士
分析化学		5		5
固体地球物理学		1		1
矿物学、岩石学、矿床学	8	7	8	7
地球化学	3	6	4	6
古生物学与地层学	2	1	2	1
构造地质学	5	4	6	3
第四纪地质学	2	2	2	2
矿产普查与勘探	3	1	3	1
地球探测与信息技术	2	2	2	2
地质工程	8	11	7	11
矿物加工工程		0		0
总　计	33	40	34	39

学位授予仪式

部、局、院领导及导师代表与毕业生合影

庆祝毕业

2009 年程裕淇研究生奖及其他奖励

2009 年，5 名研究生获得了“程裕淇优秀研究生奖”，5 名研究生获得了“程裕淇优秀学位论文奖”。

2009 年程裕淇研究生奖获奖人员名单

奖项	获奖人员
程裕淇优秀学位论文奖	徐向珍
	刘锋
	刘敏
	刘英超
	王金丽
程裕淇优秀研究生奖	王召林
	秦燕
	朱晓华
	徐小明
	贾泽荣

2009 年，王召林等 6 名研究生获得“优秀毕业生”荣誉称号，武振杰等 25 名研究生获得“三好学生”荣誉称号。

寿嘉华主任向程裕淇研究生奖获奖者授予证书和奖金

“优秀毕业生”及“三好学生”荣誉称号授予仪式

2009 年博士后人才培养情况

2009 年，中国地质科学院地质学、地质资源与地质工程两个博士后流动站共招收博士后 22 人，其中与四通资源有限公司联合招收企业博士后 1 名。在站博士后 47 人，其中 1 人获得博士后科学基金二等资助金，经考核合格期满出站 8 人。2009 年，地质资源与地质工程博士后流动站通过了人力资源和社会保障部、全国博士后管理委员会组织开展的质量评估。

博士后野外工作

参加学术交流 IAEG(2009)

2009 年博士后人才培养情况

	流动站		总计
	地质学	地质资源与地质工程	
进站	10	12	22
出站	7	1	8

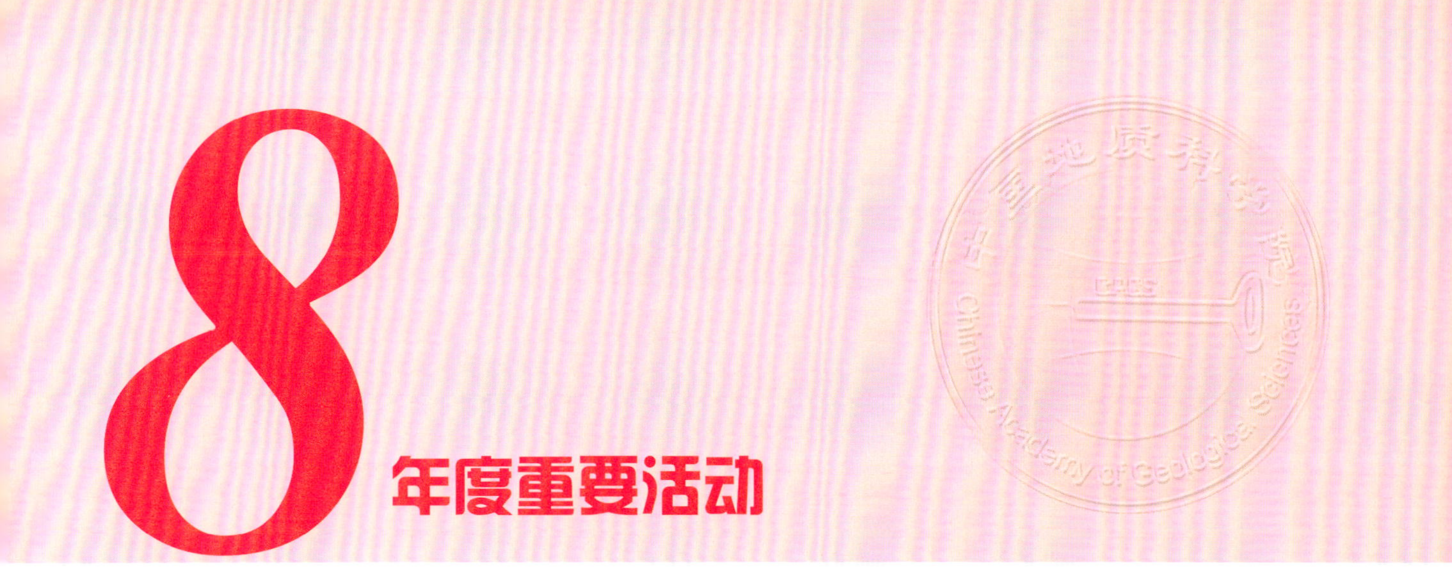

中国地质科学院 2009 年度工作会议

2009 年 3 月 30 ~ 31 日，中国地质科学院 2009 年度工作会议在京召开。会议认真学习中央经济工作会议、全国国土资源管理工作会议、全国地质调查工作会议、地调局工作会议精神，全面回顾了 2008 年工作，以把中国地质科学院建设成为“国内一流、国际知名的公益类地学科研机构”为目标，精心部署了 2009 年工作。与会代表站在推动地质事业发展的高度，研讨了在即将开展的地质找矿改革发展大讨论中，中国地质科学院应该重点解决的问题和事关中国地质科学院发展的重大问题。此次会议是一次认清形势、增强信心、开拓创新、务实求真的大会。

国土资源部党组成员、副部长兼中国地质调查局党组书记、局长汪民出席会议并作重要讲话，他充分肯定了我院的工作成绩，从“认清形势、明确目标，积极谋划好地质科技工作的发展战略；统一思想、理清思路，持续提高科技对地质工作的支撑能力；加强管理、强化监督，不断提高经济管理水平” 3 个方面作出了重要指示。朱立新常务副院长作了题为“坚定信念、开拓创新，推进地质科技事业又好又快的发展”的工作报告，从学习实践科学发展观、科研和地调取得成绩、科技支撑和服务等 8 个方面回顾了 2008 年工作，简要分析了当前形势。从以深化实践科学发展观为保证，促进各项事业全面发展；以深化科技体制改革为动力，加快建立现代科研院所制度；以重大项目实施为切入点，提高科技自

2009 年度工作会议

为获得 2008 年度十大科技进展的项目颁发证书

院级重点实验室授牌

主创新能力；以队伍和科研条件建设为基石，增强科技创新后劲；以国际科技交流与合作为平台，推动国际资源环境战略合作；以加强领导班子建设为龙头，推动两个文明共同发展 6 个方面重点部署了 2009 年工作。

会议期间召开了院 2009 年度党风廉政建设工作会议，院纪委书记王洁同志作了题为“联系实际、突出重点，开创反腐倡廉建设新局面”的工作报告，总结了我院 2008 年党风廉政建设取得的主要成绩，并从经济管理、作风建设、监督检查、案件查处等方面对 2009 年反腐倡廉工作进行了部署。在召开的院科技创新平台和重点实验室建设工作会议上，董树文副院长做了题为“抓住机遇、加快步伐，全力推进我院科技平台和重点实验室建设”的报告，报告分析了重点实验室发展形势和面临的挑战、发展现状和存在的主要问题，提出了院重点实验室建设工作目标和思路。会议还举行了第三批院级重点开放实验室授牌仪式，对获得中国地质科学院 2008 年度十大科技进展项目进行了表彰，签订了党风廉政建设、安全生产、保密工作责任书。

举行第 40 个“世界地球日”主题宣传活动

2009 年 4 月 22 日，配合国土资源部“认识地球 保障发展——了解我们的家园深部”地球日主题活动和“深部探测技术与实验研究”专项启动仪式，中国地质科学院开展了多项科普宣传活动，重点向公众介绍了“深部探测技术与实验研究”专项的科学意义。我院面向公众开放了十多个部级、院级重点开放实验室，并召开了“认识地球，走进深部”科普报告会。中国科学院研究生院石耀霖院士、中国地质科学院董树文研究员分别作了“控制地震，梦想能否成真?”和“深部探测技术与实验研究”的科普报告。在院内就“深部探测技术与实验研究”专项科学目标、研究内容等向公众展出了 37 块科普展板；在院级网站开辟了“深部探测”专栏；分发了 200 余册实验室简介、300 余册“深部探测技术与实验研究”专项简介、200 余件纪念品。

由中国地质科学院科学家多年努力申报成功的“深部探测技术与实验研究”专项的正式启动标志着中国“入地”计划拉开序幕。李廷栋院士在开幕式上宣读了“认识地球，走进深部”的科学宣言，郑重声明，中国的地球科学事业正在走向探测地球深部的新时代；期待通过深部探测专项的实施，全面提升我国深部探测和超深钻探技术，实现地质科学研究、深部资源勘查、自然灾害预测等重大发现，从深层次推动我国从地质大国向地质强国的转变。

观看深部探测实验专项展板

李廷栋院士代表科学家发表“认识地球 走进深部”科学宣言

董树文副院长作科普报告

参观开放重点实验室

缅怀遇难同胞 振奋科学精神
—— 我院举办系列活动纪念汶川地震一周年

5月12日，汶川特大地震发生一周年之际，我院举办汶川地震专题科学报告会、汶川地震图片展，播放汶川地震悼念音乐等活动，深切缅怀遇难同胞，振奋科学精神。随后出版《地质学报》（英文版）汶川地震论文专辑，公布一批汶川地震科学研究新成果。

12日上午8∶30汶川地震专题学术报告会开始，来自部科技与国际合作司、地调局科外部的领导，院部、各所的领导、科研人员和研究生近百人向汶川地震遇难同胞默哀。报告会由副院长董树文主持，腾吉文、许志琴、石耀霖和赵文津等9位来自中国科学院、中国地震局和我院的专家应邀作报告，交流对汶川地震研究的最新成果，展示地震地质、地震科学钻探、地震深部地球物理探测、地应力监测、地震灾害防治和地震动力学模拟等方面的研究成果，探讨地震破裂过程、地震发生深部背景、特大地震机理、地震区应力场、地震灾害链和地震预报展望等相关科学问题。

报告会现场

布置在百万庄大院的汶川地震图片展内容包括第33届地质大会上“5·12”汶川地震大型展览、中国地质科学院科研人员汶川地震科学考察、汶川地震断裂带科学钻探和汶川地震灾区地震−地质灾害图集等图片。这些图片回顾了我院科学家在巨灾之际奋不顾身、挺身而出，出入震中一线的场景，折射出科学家的高尚品质和崇高精神，像一股热流感染着、鼓舞着观看者。同时，一幅幅地震地质、地质灾害图幅普及了地震的科学知识，吸引了许多职工和学生。

汶川地震图片展

深入开展地质找矿改革发展大讨论并取得初步成效

按照部、局党组的总体部署，院属各单位分别开展了地质找矿改革发展大讨论（以下简称“大讨论”），并取得了初步成效。各单位按照大讨论的实施方案，以自学、集中学习、调查问卷、主题辅导报告、专题座谈会、院士专家座谈会、征文、党委务虚会等多种方式开展了多层面、多领域的大讨论活动。据统计，全院开展学习讨论 109 次，近 3700 余人次参加，结合实际设立研究专题 40 余个。2009 年年底各单位基本完成大讨论各阶段的任务。作为社会公益类科研机构，院党委把大讨论活动的重点放在干部职工的思想层面和体制机制方面，结合公益性科研机构改革和国家创新体系建设的总体要求，围绕着科技工作如何支撑发展、引领未来，服务经济、回馈社会，开展了深入的学习和研讨。大讨论取得的主要成果体现在以下 3 个方面：

（1）形成一批战略性规划研究报告和调研报告：完成《国土资源科技保障措施与新机制分析研究报告》、《地质科学国际合作状况分析研究报告》、《试验测试技术发展战略规划研究报告》、《我国重要成矿区带主要矿床类型、成矿规律和找矿评价》文集等。

召开地质找矿改革发展大讨论中青年科学家座谈会

赵文津院士作“制约地质科技创新能力提升的几个问题”的学习讨论主题辅导报告

召开地质找矿改革发展大讨论所长座谈会

召开地质找矿改革发展大讨论院士座谈会

（2）提出了一批重要的建议和意见：提交了《中国地质科学院十二五科技发展规划建议》、院党委关于对局《理顺地调局与中国地质科学院及其所属单位关系的建议方案》的意见和建议、《开展区域矿产资源快速评价勘查技术研究与示范的重大科技工程建议》、《地质科技发挥对地质工作的支撑和引领作用的建议》等。

（3）大讨论形成的成果部分及时转化：资源所探索建立产学研结合模式，形成盐湖资源综合利用创新技术战略联盟，加快建立以企业为主体、以市场为导向、产学研相结合的技术创新体系和合作研发平台，探索经济和科技结合的新途径。力学所提出矿田构造领域工作新思路，水环所探讨了新形势下水文地质环境地质工作的发展思路等。

院属各单位大讨论按照部、局要求，广泛发动、部署到位，达到了解放思想、转变观念、统一认识、深化改革、加快发展的目的，为推动地质科技创新，实现地质找矿重大突破奠定了坚实的思想基础。

河北周口店举办野外地质现象技能培训班

资源所重要活动加强业务练兵活动

5月5～20日，矿产资源研究所举办野外地质现象观察记录与描述培训班。为加强人才队伍建设，贯彻中国地质调查局开展集中业务培训练兵活动的精神，矿产资源研究所连续几年积极开展技术业务培训活动，力争在局系统人才培养方面起到示范作用。本次培训班上，资源所联合中国地质大学，分别进行室内讲解和野外观察记录，通过为期15天的野外地质现象观察记录与描述培训，苦练基本功，为将来提升科技创新能力，支撑部、局宏观决策，服务经济社会对矿产资源的需求培养后备人才。

盐湖资源综合利用创新技术战略联盟在京成立

5月30日，盐湖资源综合利用创新技术战略联盟签约仪式在京举行。来自青海盐湖工业集团股份有限责任公司、西部矿业集团有限公司、青海中航资源有限公司、中国石油天然气股份公司青海分公司和青海庆华矿冶煤矿集团5家企业，清华大学、华东理工大学、中南大学、山西大学和青海大学5所高校，中国科学院过程工程研究所、中国地质科学院矿产资源研究所、中国科学院青海盐湖研究所和青海化工设计研究院4家科研院所，组成联盟成员单位正式签约。青海省人民政府高云龙副省长出席签约仪式并做重要讲话。来自科技部、教育部、国资委、中国产学研促进会、中科院等有关部门的领导和青海省科技厅、14家联盟成员单位的领导和专家出席了签约仪式。

组建创新技术战略联盟是国家科技创新体系建设的一种新形式。成立本联盟的目的，是希望在国家政策和资金的支持下，加快建立以企业为主体、以市场为导向、产学研相结合的技术创新体系和合作研发平台，探索产学研有效结合的模式，探索经济和科技结合的新途径，形成盐湖科研开发、技术创新和产业化基地，实现资源利用最大化，保持我国在盐湖领域的国际竞争优势，提高我国盐湖行业在国际上的地位。5月21日青海省科技厅解源厅长专程到矿产资源研究所拜访了郑绵平院士。

徐绍史部长一行视察岩溶所

2009年11月10日上午，国土资源部部长徐绍史在广西区党委常委、常务副主席李金早、广西国土资源厅厅长肖建刚、桂林市市委书记刘君等陪同下视察了岩溶所。徐绍史部长一行慰问了袁道先院士，听取了姜玉池所长关于岩溶所的工作汇报、国际岩溶研究中心基地建设立项工作进展情况的汇报以及袁道先院士关于地质碳汇研究的有关情况介绍。最后，徐绍史部长亲切看望了岩溶所全体职工，在充分肯定岩溶所建所33年来在服务于经济社会发展方面的工作及成果的同时，对岩溶所的工作提出了3点希望和要求：一是要紧密结合经济社会发展需要，主动服务于经济社会发展，加强岩溶调查研究，服务区域经济发展，并积极参与应对全球气候变化的研究工作。二是要全面、系统地梳理地质找矿改革发展中存在的问题，找出相关解决办法，提出建设性意见和建议，使地质找矿改革发展大讨论取得实效。三是利用好国际岩溶研究中心的品牌和平台，加强国际交流，并加快国际研究中心基地的立项和建设步伐。

徐绍史部长看望袁道先院士

徐绍史部长看望岩溶所职工

徐绍史部长发表重要讲话

中国岩溶地质馆国土资源科普基地在桂林揭牌

2009 年 5 月，中国岩溶地质馆被批准为第一批国土资源科普基地。9 月 8 日，在桂林举行揭牌仪式。来自国土资源部、中国地质调查局、广西和桂林市科技和教育部门的有关领导和大中小学生 100 多人参加了活动。

中国岩溶地质馆国土资源科普基地揭牌仪式

成功主办“中国岩溶环境的脆弱性及综合防治研讨会”

由中国地质学会岩溶地质专业委员会主办、广西师范学院和岩溶地质研究所承办的“中国岩溶环境的脆弱性及综合防治研讨会”于 2009 年 11 月 19 ~ 21 日在广西师范学院召开。会议交流了我国岩溶地区生态环境脆弱性研究评价及石漠化、内涝、塌陷等环境问题综合防治的研究成果，讨论了岩溶环境问题与岩溶地质灾害综合防治的经验与教训、对策与技术方法，考察了广西平果县果化岩溶石漠化治理示范基地。有来自 30 个科研、教学和生产单位的代表约 100 人出席了会议。

大会开幕式

成功主办“全国第十五届洞穴学术会议暨乐业凤山地质公园发展研讨会”

由中国地质学会洞穴专业委员会主办，乐业和凤山县人民政府承办的“全国第十五届洞穴学术会议暨乐业凤山地质公园发展研讨会”于2009年11月14～18日在“天坑之都、洞穴之城”的广西乐业县和凤山县隆重召开。会议的主题是：中国南方峰丛喀斯特天坑与洞穴系统发育演化研究，国际洞穴探险与岩溶旅游产业开发研讨，乐业-凤山地质公园研究、保护与旅游开发。来自全国岩溶景观与洞穴科研、教学工作者和学生，国内外洞穴探险俱乐部，旅游洞穴开发与管理人员共约200人出席了本次会议。

大会开幕式

第343次香山会议研讨“东亚板块汇聚及其资源环境效应”

执行主席李廷栋院士发言

执行主席董树文研究员作报告

以“侏罗纪/白垩纪之交的东亚板块汇聚及其资源环境效应”为主题的第343次香山科学会议2月25~27日在北京举行。中国地质科学院李廷栋院士、董树文研究员、中国科学院地质与地球物理研究所钟大赉院士、中国地质大学（北京）王成善教授、中科院南京地质古生物所沙金庚研究员等任执行主席。

侏罗纪/白垩纪之交是地球演化的重要历史时期，是国际地球科学研究的前沿。在我国东部和东亚地区，该时期发生了太平洋、西伯利亚和拉萨－基梅里等多向板块汇聚和多向陆内造山、构造体制转换和矿产资源“大规模爆发”。“燕山运动”大致概括了其基本内涵。通过侏罗纪/白垩纪之交东亚板块汇聚方式及陆内构造动力学过程的分析与恢复，建立深部过程－构造－地貌－环境的耦合机制，以及浅层构造对深层变化的响应模式，从理论高度，多角度重新诠释“燕山运动”，恢复东亚汇聚构造体系，形成并提出晚中生代东亚大陆构造演化与地质环境转变的新理论，具有重要的理论与实际意义。

来自中国科学院、中国地质调查局、中国地质科学院、中国地质大学（北京）、北京大学、南京大学、吉林大学、安徽省国土资源厅、中海石油研究中心和国土资源部信息中心等多部门、多学科、跨领域的45位专家学者与会。中国科学院孙枢院士、中国地质科学院陈毓川院士、赵文津院士、安徽省国土资源厅常印佛院士、中国地质大学（北京）吴淦国校长、科技部基础司彭以琪司长、国家自然科学基金委员会地学部姚玉鹏处长等应邀出席了讨论会。

会议发起人之一中国地质科学院董树文研究员作了题为“侏罗纪/白垩纪之交的东亚板块汇聚及其资源环境效应”的主题评述报告。12位专家就“晚侏罗世中国东亚大陆多向挤压变形与陆内造山”、“东亚汇聚的地表响应及对生物演化和古环境的影响”、“东亚汇聚的深部过程及其成矿作用与油气聚集”、“东亚汇聚与燕山运动”等四个中心议题进行专题报告，与会科学家围绕东亚汇聚研究的基础与重要意义、关键科学问题和主要研究内容展开深入讨论和究辩。

与会专家对东亚汇聚的大地构造背景取得共识，认为侏罗纪/白垩纪之交的东亚汇聚，或者称之为“东亚多向挤压汇聚”或“东亚多向板块汇聚”及其引发的多向陆内造山，是一个有中国、东亚区域特色的大地构造概念，是中国人独创的“燕山运动”概念的新发展，可以合理地解释东亚地区的晚侏罗纪陆内变形和造山、早白垩纪岩石圈减薄、成矿作用大爆发、古地貌隆升（特别是古高原的形成）、生物群的更替，地磁宁静期等诸多科学问题，是创新的起点，有可能形成有中国特色的新的地质理论。孙枢院士和李廷栋院士总结时一致认为，东亚汇聚及其资源环境效应的研究是一个具有很高难度、理论与实践相结合的重大研究领域，潜力很大，前景广阔，需要国家重点支持、长期持续地进行研究。与会专家建议，今后围绕本次学术讨论会的主题，还可以组织更多的、范围更广的全国性学术交流会，或组织东亚构造论坛，进一步梳理和提炼科学问题，探讨发展趋势。

第 348 次香山科学会议会场

执行主席（右起谢学锦院士 李家熙研究员 寿嘉华教授级高工）

第 348 次香山科学会议研讨“生态地球化学环境与健康”

2009 年 4 月 21 ~ 23 日，国家地质实验测试中心协助中国地质调查局成功举办了以“生态地球化学环境与健康”为主题的第 348 次香山科学会议。中国地质科学院谢学锦院士、国家地质实验测试中心李家熙研究员、国土资源部寿嘉华教授级高工、国土资源部张洪涛研究员、国土资源部信息中心方克定研究员、中国地质调查局奚小环高工担任会议执行主席。孙鸿烈、袁道先、陈毓川院士以及来自国土资源部、中国科学院、科技部、大专院校的专家学者 43 人参加了会议。

与会专家听取了 2 个总评述报告、4 个中心议题报告和 12 个专题报告。为展示多目标区域地球化学调查反映出的区域和局部地球化学异常，探讨元素在地球系统（包括岩石圈，土壤圈，水圈，生物圈和大气圈）的分布与分配规律、异常特征及其对生态系统产生的影响，研究元素成因来源及其在生态地球化学系统迁移途径、转化规律及作用机理等，预测可能发生的地球化学问题，会议围绕生态地球化学重大隐患及安全预警研究；生态地球化学过程与行为机理研究；中国土壤碳储量研究与全球变化；生态地球化学环境变化的健康效应研究等中心议题进行了深入讨论。

与会专家们一致认为，我国城市化进程的加速带来的隐患和威胁日益严重，区域及流域的生态地球化学对人类健康的影响也很严重。我们应该充分利用区域地球化学调查数据，对污染或存在污染隐患的重点区域或流域以点带面，进行试点综合修复。

会议总结归纳了生态地球化学和健康研究的一些需要关注的科学问题：

（1）研究生态地球化学环境形成机制与迁移机理；建立综合评价体系和综合评价标准；建立国家级数据库，促进不同部门数据共享；与农业、环保、卫生、林业部门合作，源头控制、节流减排，水土保持、综合防治，合理利用土地，防治地方病。

（2）针对有害有益元素的来源与分布、运移和富集的规律；重点开展水土气植的生态地球化学研究；调查重点地区、人员集中区土壤、环境、动植物、人体健康的相互影响。从生态环境地球化学概念、定义、机理、方法、技术、研究对象、应用领域提出相应的科学问题。

（3）关注生态与健康风险，研究高地质背景异常区的大量生态地球化学数据，识别生态系统存在的风险；建立生态地球化学环境变化的综合风险评估体系和相应的、经济有效的阻断方法技术。加强技术方法的改进，提高对生态环境未来格局的预测。

（4）全球气候变化影响生命，生命变化适应环境变迁；用生态地球化学多目标调查平原和丘陵区，通过遥感调查高山、草原地区，研究我国土壤碳储量分布特征；结合岩溶地区的碳源研究，认识固碳机理；完整提出整个的陆域系统的碳储量。

2009 年度全院共发表论文 844 篇，包括《SCIENCE》与《NATURE》论文 2 篇，SCI 检索论文 170 篇，EI、ISTP 检索论文 14 篇，国内核心论文 536 篇，国内外一般性刊物 122 篇。出版中文专著 26 部，外文专著 1 部。2009 年与 2008 年相比，发表论文总数增长了 12%，发表高水平论文的数量呈明显的上升趋势。

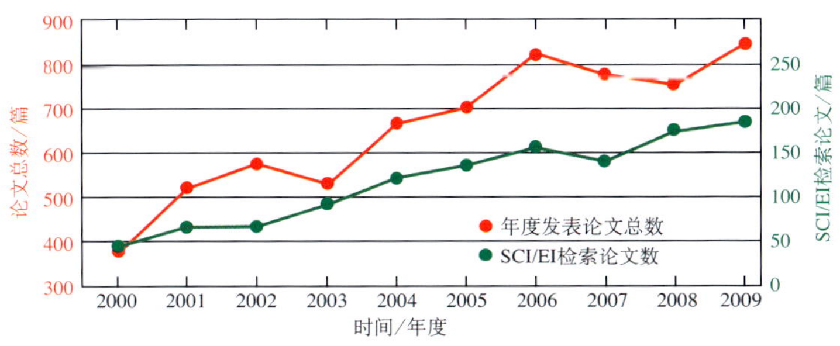

中国地质科学院年度发表论文数量统计分布图

主办学术期刊及年度发表论文情况

中国地质科学院及挂靠学会主办了 9 种学术期刊，包括 *ACTA GEOLOGICA SINICA*、《地质学报》、《地质论评》、《地球学报》、《矿床地质》、《岩石矿物学报》、《岩矿测试》、《中国岩溶》、《地质力学学报》。《地质学报》英文期刊为 SCI 检索刊物，《地质学报》中文版、《矿床地质》为 CA 收录刊物，其他绝大部分院办学术期刊为中文核心期刊。

2009 年，在“中国地质科学院基本科研业务费项目”和“中国科协精品科技期刊工程”的支持下，全院 9 个刊物:*ACTA GEOLOGICA SINICA*、《地质学报》、《地质论评》、《地球学报》、《矿床地质》、《岩矿测试》、《岩石矿物学杂志》、《中国岩溶》、《地质力学学报》建起了网站，实现了办公手段的现代化。以中国地质科学院 9 个刊物为依托，联合《地质通报》、《岩石学报》、《地球物理学报》、《地球物理学进展》、《湖泊科学》、《自然科学进展》、《地质与勘探》、《地球科学》等兄弟刊物，成功搭建“中国地学期刊网”，成为融办公系统与数据查询、分析功能为一体的专业数据库系统，也是目前国内科技期刊界最早建成、容纳单学科期刊最多的网站。

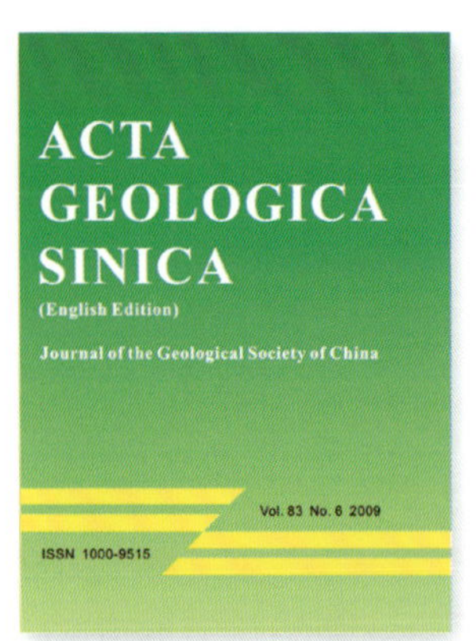

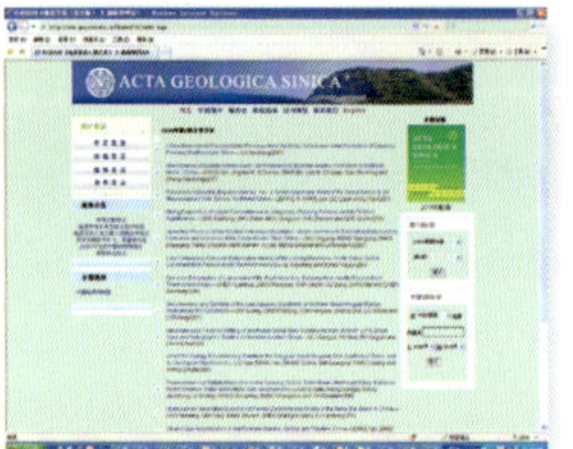

《地质学报》英文版

《地质学报》(英文版)(*ACTA GEOLOGICA SINICA*)：由挂靠中国地质科学院的中国地质学会主办，创刊于1922年，原名《中国地质学会志》，现为双月刊，2006～2009年连续4年荣获中国科协A类精品期刊工程资助(全国仅5个)。近年来，《地质学报》(英文版)在国际化的进程中步伐大大加快，向世界展示了我国地质科研的重大突破和国际水平。

2009年《地质学报》(英文版)荣获中国期刊协会评选的“新中国数字60年有影响力的期刊”称号，编辑部主任郝梓国同志荣获“新中国数字60年有影响力的期刊人”称号。

《地质学报》(英文版) http://www.geojournals.cn/dzxbcn/ch/index.aspx

2009年，《地质学报》(英文版)取得的亮点主要有3个方面：

(1)发挥科技期刊的导向作用，第4期紧急登载的汶川地震一周年的研究成果，在国际上引起了地质学家的高度关注。据BLACKWELL网站统计，阅读率从每月500多次，提高到6500余次。董树文等发表有关汶川地震破裂、应力变化及影响因素、地震机理的论文全文下载量101次，摘要浏览量34次；徐锡伟等发表有关地震位移的论文全文下载量为67次，摘要浏览量53次。

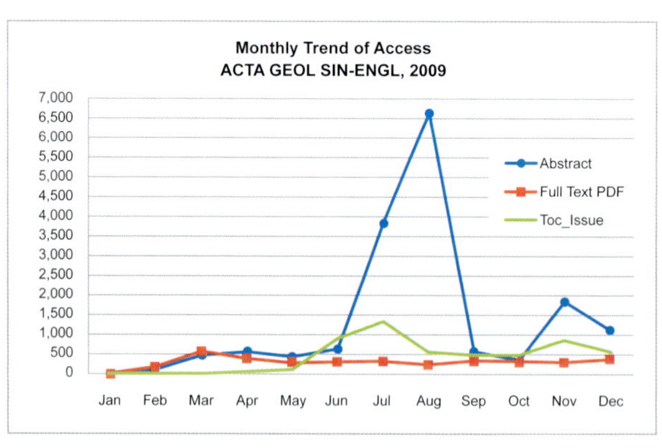

《地质学报》(英文版)2009年文章国外下载量
(WILEY-BLACKWELL公司提供)

“纪念汶川地震一周年”专辑国外高浏览量文章(WILEY-BLACKWELL公司提供)

文章题目	作者	卷:期	全文下载量	摘要浏览量
New Research Results on Mechanism, Surface Rupture, Deep Controlling Factors and Stress Measurements of the Wenchuan Earthquake: Earth Scientists' Post-quake Actions	Shuwen DONG	83:4	101	34
Parameters of Coseismic Reverse- and Oblique-Slip Surface Ruptures of the 2008 Wenchuan Earthquake, Eastern Tibetan Plateau	Xiwei XU, Guihua YU, Guihua CHEN, Yongkang RAN, Chenxia LI, Yuegau CHEN, Chungpai CHANG	83:4	67	53

(2) 阅读、引用本刊论文的读者越来越多。据2009年JCR公布*ACTA GEOLOGICA SINICA*英文版影响因子为1.431，引文频次为1312次。在被*SCI*收录的256种国际地质刊物名列第110名；有110余种国际刊物引用《地质学报》英文版文章，引用2次以上的有70余种，包括世界著名刊物*SCIENCE*，表明本刊登载的论文水平基本上与国际刊物接轨。

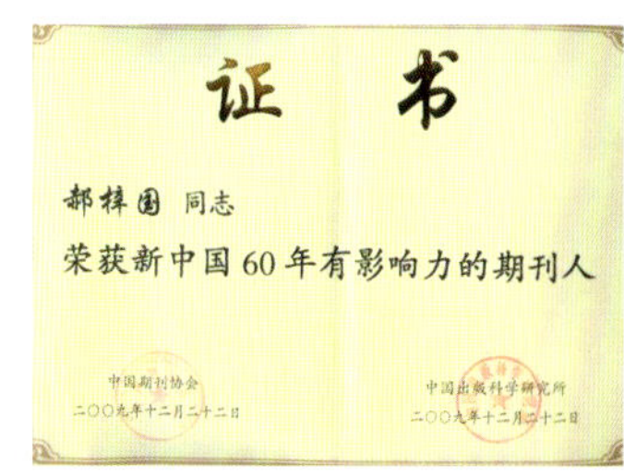

国际著名刊物 *Science* 引用本刊论文情况

Leigh H. Royden, B. Clark Burchfiel, and Robert D. van der Hilst
The Geological Evolution of the Tibetan Plateau
***Science* 22 August 2008 321: 1054-1058**
L. Shu , X. Zhou, P. Deng, W. Zhu, *Acta Geol. Sin.* 81 , 573 (2007).
R. Zhou et al., *Acta Geol. Sin.* 81 , 593 (2007).
Isabel P. Montañez, Neil J. Tabor, Deb Niemeier, William A. DiMichele, Tracy D. Frank, Christopher R. Fielding, John L. Isbell, Lauren P. Birgenheier, and Michael C. Rygel.
CO2-Forced Climate and Vegetation Instability During Late Paleozoic Deglaciation
***Science* 5 January 2007 315: 87-91**
H. Zhang , G. Shen, Z. He, *Acta Geol. Sin.* 73 , 111 (1999).
Rafael Royo-Torres, Alberto Cobos, and Luis Alcalá.
A Giant European Dinosaur and a New Sauropod Clade
***Science* 22 December 2006 314: 1925-1927**
H. You , Q. Ji, M. C. Lamanna, J. Li, Y. Li, *Acta Geol. Sin.* 78 , 907 (2004).
Hai-lu You, Matthew C. Lamanna, Jerald D. Harris, Luis M. Chiappe, Jingmai O'Connor, Shu-an Ji, Jun-chang Lü, Chong-xi Yuan, Da-qing Li, Xing Zhang, Kenneth J. Lacovara, Peter Dodson, and Qiang Ji
A Nearly Modern Amphibious Bird from the Early Cretaceous of Northwestern China
***Science* 16 June 2006 312: 1640-1643.**
C. Yuan , *Acta Geol. Sin.* 78 , 464 (2004).
Zhe-Xi Luo and John R. Wible.
A Late Jurassic Digging Mammal and Early Mammalian Diversification
***Science* 1 April 2005 308: 103-107.**
G. W. Rougier , Q. Ji, M. J. Novacek, *Acta Geol. Sin.* 77 , 7 (2003).
Chun Li, Olivier Rieppel, and Michael C. LaBarbera.A Triassic Aquatic Protorosaur with an Extremely Long Neck
***Science* 24 September 2004 305: 1931.**
C. Li , *Acta Geol. Sin.* 77 , 419 (2003).
Roland Mundil, Kenneth R. Ludwig, Ian Metcalfe, and Paul R. Renne.
Age and Timing of the Permian Mass Extinctions: U/Pb Dating of Closed-System Zircons
***Science* 17 September 2004 305: 1760-1763.**
Z. Li et al., Dizhixue Bao [*Acta Geol. Sin.*] 60 , 1 (1986).
Timothy M. Kusky, Jiang-Hai Li, and Robert D. Tucker.
The Archean Dongwanzi Ophiolite Complex, North China Craton: 2.505-Billion-Year-Old Oceanic Crust and Mantle
***Science* 11 May 2001 292: 1142-1145**
J. H.Li, A. Kröner, X.L. Qian, P. O'Brien, *Acta Geol. Sin.* 274, 246 (2000).

(3) 刊物的国际影响不断提高。截至2009年底，国外收录本刊的数据库、网站达22家，其中国外数据库达16家，包括著名的《SCI》、《CA》、《GeoRef》、耶鲁大学图书馆网站、法国地质学会网站等，国际网站和数据库对《地质学报》英文版的介绍，为我刊走出国门、奔向世界做了很好的铺垫。

据中国国家图书馆文献检索室提供的检索报告，截至2009年2月收录本刊的数据库等已达22个。它们是：

1）中国《科学引文数据库》（CSCD）；

2）《中国期刊全文数据库》（清华同方）；

3）中国《万方数据库》；

4）中国《中文科技期刊数据库》（维普）；

5）香港大学图书馆网站；

6）中国地学期刊网；

7）*SCI*《美国科学引文数据库——网络版》；

8）*CA*《化学文摘》；

9）*GeoRef*《美国地质文摘》；

10）TULSA（Petroleum Abs.）；

11）Earthquake Engineering Abs.；

12）Current Contents Search；

13）ICONDA-Intl Construction；

14）Inside Conferences；

15）Civil Engineering Abs.；

16）耶鲁大学科学图书馆网站；

17）澳大利亚国家图书馆网站；

18）澳大利亚网上博物馆网站；

19）法国地质学会网站；

20）SJR网站（国家不祥）；

21）The Open University网站（国家不祥）；

22）Blackwell出版公司网站。

《地质学报》中文版

《地质学报》（中文版）由挂靠中国地质科学院的中国地质学会主办，其前身为《中国地质学会志》，是中国最早的科技期刊之一。它以反映中国地质学界在地质科学的理论研究、基础研究和基本地质问题方面的最新、最重要成果为主要任务，兼及新的方法和技术。《地质学报》现为月刊，主编为中国地质科学院陈毓川院士。《地质学报》多次获得科技部、中宣部和新闻出版总署的表彰，入选2001年中国科技期刊方阵，2005年获国家期刊奖，2006～2008年连续3年赢得中国科协B类精品期刊工程资助，是国内外多家文摘或数据库的源期刊，在中国科技情报研究所的统计中影响因子、总被引频次等指标一直名列前茅。2008年度影响因子为1.566，总被引频次为2013次，影响因子在全国6000余种科技期刊中位居第26名。2009年度发表论文175篇，共2032页。

《地质学报（中文版）》http://www.geojournals.cn/dzxb/ch/index.aspx

2008 年
百种中国杰出学术期刊
获奖证明
CERTIFICATE OF
100 OUTSTANDING ACADEMIC JOURNALS OF CHINA 2008
地质论评
根据 2008 年度中国科技论文与引文数据库(CSTPCD 2008)统计结果，贵刊荣获 2008 年“百种中国杰出学术期刊”称号，特此证明。
中国科学技术信息研究所
2009 年 11 月
中国科学技术信息研究所

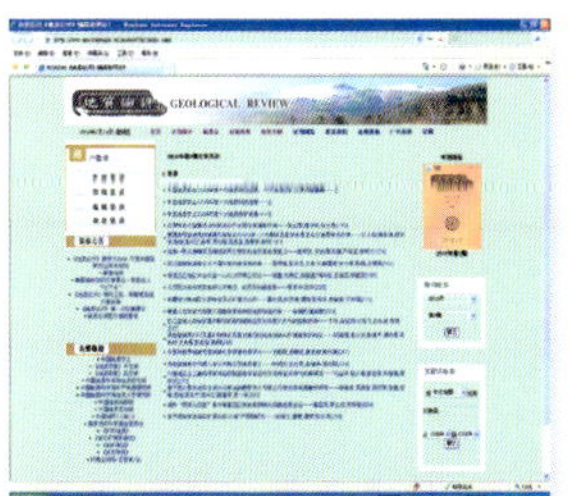

《地质论评》

《地质论评》由挂靠中国地质科学院的中国地质学会主办，创刊于1936年，一直以爱国、争鸣为办刊宗旨。刊头图案，缺右上残左下，为创刊之时东北遭侵吞，西南被蚕食，一直沿用至今，表达了我国地质学家的忧国爱国之情。《地质论评》现为双月刊，主编为中国地质科学院地质研究所任纪舜院士。《地质论评》多次获得科技部、中宣部和新闻出版总署的表彰，入选2001年中国科技期刊方阵，2005年获“国家期刊奖提名奖”，2006年、2007年赢得“中国科协精品期刊工程”的C类资助，2009年度被评为“中国百种杰出学术期刊”。是国内外多家文摘或数据库的源期刊，在中国科技情报研究所的统计中影响因子、总被引频次等指标一直名列前茅，2008年度影响因子为1.393，总被引频次为1702次，影响因子位居中国6000余种科技期刊的第48位。2009年度共发表正式论文94篇，发表了6条通讯资料和16条中国地质学会和中国地质界的消息报道，共计912页。

《地质论评》http://www.geojournals.cn/georev/ch/index.aspx

《地球学报》是中国地质科学院主办，科学出版社出版的地球科学综合性学术期刊，是全国中文核心期刊、美国《CA》收录期刊、中国科学引文来源期刊、中国学术期刊综合评价数据库来源期刊，主要刊登古生物、地层、岩石、矿床、矿物、构造、第四纪地质、同位素、地球化学、物化探、遥感、水文、石油地质与石油工程等基础类地质研究及其相关的新技术、新方法等科技论文或者综述性论文，现已成为全国地学界具有重要影响的科技期刊之一。为了实现科技期刊编辑、出版发行的电子化，推进科技信息交流的网络化进程，本刊除印刷版外，还被编入《中国学术期刊(光盘版)》，并被“中国期刊网”收录，已入网“万方数据数字期刊群”，2009年与兄弟刊物完全实现了网上办公功能。自2001年起《地球学报》改为大16开本，双月刊。主要设有学术研究、综述与进展、技术与方法等栏目。2008年，《地球学报》总被引频次1064次；影响因子0.940，在全国6000余种科技期刊中影响因子排名第138位。2009年度发表论文98篇，共883页。

《地球学报》http://www.cagsbulletin.com/dqxbcn/ch/index.aspx

《地球学报》

《矿床地质》

《矿床地质》由中国地质学会矿床地质专业委员会和中国地质科学院矿产资源研究所主办的双月刊，创刊于1982年。是中国唯一报道矿床学最新研究成果的期刊，内容包括矿床地质特征及与矿床有关的岩石学、矿物学、地球化学研究成果和科学实验成果及新技术、新方法。被 *Chemical Abstracts*、*CSA Technology Research Database*、*Реферативный журнал*（俄罗斯文摘杂志）、《中国期刊全文数据库》（CNKI）、《中国科学引文数据库》（CSCD）、《中文科技期刊全文数据库》、《数字化期刊——期刊论文库》、《数字化期刊——期刊引文库》、《中国地质文摘》、《全国报刊索引——自然科学技术版》、《有色金属文摘》和《中国学术期刊文摘》等检索期刊及数据库收录。根据《中国科技期刊引证报告》和《中国学术期刊综合引证报告》，《矿床地质》在近几年科技期刊的影响因子排序中名列前茅。2008年度影响因子为1.891，总被引频次为1233次，影响因子在全国6000余种科技期刊中排名第10名。2009年度发表论文81篇，共866页。

《矿床地质》http://www.kcdz.ac.cn/ch/index.aspx

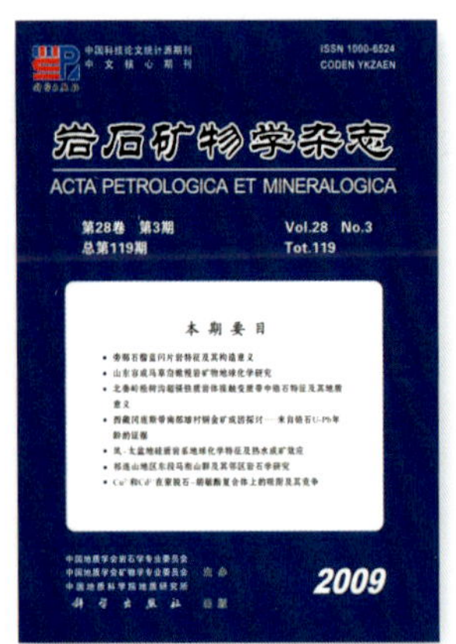

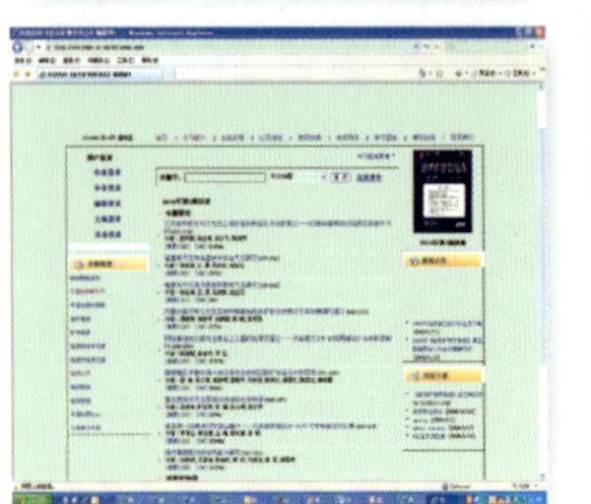

《岩石矿物学杂志》

《岩石矿物学杂志》由中国地质学会岩石学专业委员会、矿物学专业委员会、中国地质科学院地质研究所联合主办的学术性期刊，创刊于1982年。2005年起改为双月刊，现任主编为中国地质科学院地质研究所侯增谦研究员。《岩石矿物学杂志》主要报道岩石学、矿物学各分支学科及有关边缘交叉学科的基础理论和应用研究成果，创造性和综合性研究成果，岩石和矿物鉴定的新方法、新技术和新仪器以及与有关的最新地质科技信息。《岩石矿物学杂志》是国内外多家检索系统和文摘的源期刊。在中国科技信息研究所的统计中，2008年度的影响因子为0.775，总被引频次为722次，在我国6000余种科技期刊中影响因子位居第217名。2009年度共发表论文72篇，共694页。

《岩石矿物学杂志》http://www.yskw.ac.cn/ch/index.aspx

《**岩矿测试**》是中国地质学会岩矿测试专业委员会和国家地质实验测试中心共同主办的分析测试技术科技期刊，创刊于1982年，主要报道国内与分析科学、资源环境、地球科学相关的新技术、新方法、新理论和新设备等研究成果、动态、评述及相关实践经验。曾获国家级优秀科技期刊三等奖，地质矿产部优秀科技期刊一等奖，北京市科技期刊四通杯全优期刊奖，中国科协优秀学术期刊三等奖。是全国中文核心期刊、中国科技核心期刊、中国期刊方阵双效期刊。目前被美国《化学文摘》、中国学术期刊综合评价数据库等国内外15家文摘和数据库收录。在中国科技信息研究所的统计中，2008年度的影响因子为0.735，总被引频次为579次，在我国6000余种科技期刊中影响因子位居第242名。2009年度共发表论文127篇，共604页。

《岩矿测试》http://www.ykcs.ac.cn/ch/index.aspx

《岩矿测试》

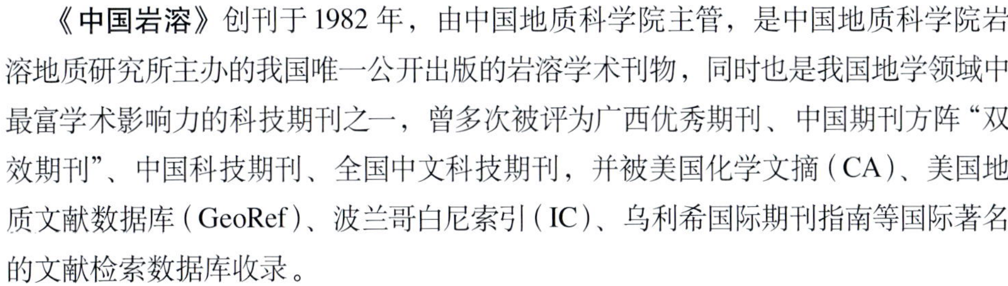

《**中国岩溶**》创刊于1982年，由中国地质科学院主管，是中国地质科学院岩溶地质研究所主办的我国唯一公开出版的岩溶学术刊物，同时也是我国地学领域中最富学术影响力的科技期刊之一，曾多次被评为广西优秀期刊、中国期刊方阵“双效期刊”、中国科技期刊、全国中文科技期刊，并被美国化学文摘（CA）、美国地质文献数据库（GeoRef）、波兰哥白尼索引（IC）、乌利希国际期刊指南等国际著名的文献检索数据库收录。

创刊近30年来，《中国岩溶》始终坚持“争创名牌，构筑精品”的办刊理念，依托我国岩溶优势，突出特色栏目建设，严把质量关，刊物的学术影响力不断增强。在中国科技信息研究所的统计中，2008年度的影响因子为0.617，总被引频次为534次，在我国6000余种科技期刊中影响因子位居第373名。2009年度共发表论文65篇，共440页。

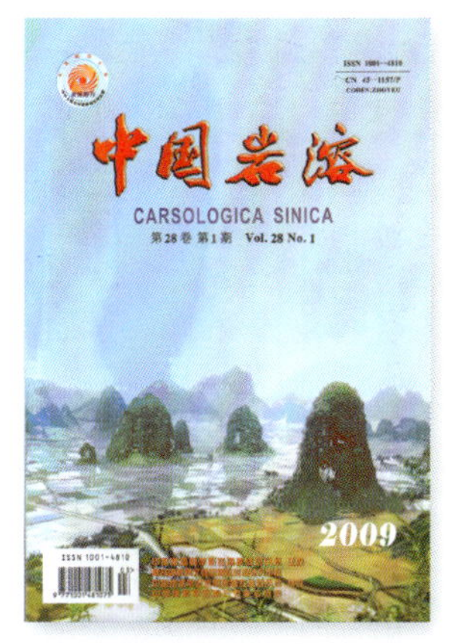

《中国岩溶》

《地质力学学报》

《地质力学学报》1995年创刊，是中国科技论文统计源期刊（中国科技核心期刊），中国学术期刊综合评价数据来源期刊，中国科技论文引文数据库的来源期刊，CNKI中国知识基础设施工程中国学术期刊综合评价数据库（CAJCED）统计源期刊；是“万方数据—数字化期刊群”全文上网期刊，被《中文科技期刊数据库》、《中国核心期刊（遴选）数据库》和CNKI中国知识基础设施工程中国期刊全文数据库（CJFD）全文收录；是反映地质力学研究所科研成果的对外窗口。主要报道地壳运动与大陆地质构造及其动力机制等方面的前沿动态和基础理论研究成果，同时关注矿产资源、地质灾害调查与防治、环境变迁规律等方面的应用科研成果。刊物的引用率和影响力逐年提高，2008年度的影响因子为0.651，总被引频次为335次，在我国6000余种科技期刊中影响因子位居第333名。2009年度共发表论文40篇，共421页。

《地质力学学报》http://journal.geomech.ac.cn/ch/index.aspx